EXPLORE YOURSELF

探索你自己

自我分析的途径

俞林鑫　著

中国法制出版社
CHINA LEGAL PUBLISHING HOUSE

致敬弗洛伊德，他开启了人类自我探索的新篇章。

前 言

人有一种认知的需要，这种需要驱使人去探索世界、了解他人、认识自己。人们对于星座、手相、血型等与性格关系的热衷，其实就反映了一种自我认识的需要，每个人都渴望知道自己属于什么性格类型以及具备哪些特征。一百多年心理学的研究已经产生了许多得到充分验证的人格理论，包括MBTI人格理论、卡特尔16种人格特质理论、大五人格理论等，这些人格理论从不同的角度对人格进行分类，具有一定的参考意义。

通过人格划分来了解自己是有局限的，这只能让我们对自己有一个宏观的、静态的了解，而人的内心是丰富且不断变化的，仅仅通过静态的划分难以充分地认识自身。那么，如何能够动态地了解我们自己呢？这便需要借助精神分析学说。精神分析较多地关注那些被人忽略的心理成分，即人的潜意识。潜意识的心理成分（如压抑的记忆、愿望、冲动等）由于不被社会或自身的道德感所接受，于是被压抑，但这些被压抑的潜意识成分并不会消失，而会潜藏于内心，并以种种形式表现出来，甚至很大程度地主导着个体的生活。

精神分析的研究让人们逐渐认识到，即使是看起来正大光明的行为背后，也可能隐藏着自私的、伤害性的动机，这些潜藏的动机不断地推动着人的行为。比如，一个对子女照顾得无微不至的妈妈，内心可能潜藏着强烈的依赖需要，她通过照顾孩子，让孩子留在她身边陪伴她，并陶醉于自认为的称职负责的好妈妈形象，从象征意义上摆脱强烈的依赖需要。如果没有理性的审视，我们可能习惯于忽略行为背后的潜在动机。

弗洛伊德认为潜意识对人的影响具有决定性，意识则是第二位的，虽然这一假设存在很多争议。如果我们了解了内心的潜意识成分，我们便能够摆脱它的控制，显示出更多的自主和理性，从心灵的必然王国走向自由王国。通过精神分析的过程，一个人对内心的潜意识有更多的了解和领悟之后，便能摆脱诸多的抑制①和症状，使人慢慢地成长和完整起来。所以，“精神分析是一种奇特的、吸引人的、令人注目的、对个人有帮助的、困难的、有回报的领域”（引自《精神分析导论》），通过精神分析的理论与实践来认识自己，实现与心灵中潜在病理成分的转化达成与自我的和解，是最具成长性的方式。

精神分析发明了一种探索自己的方法，这便是自由联想法，它是由精神分析创始人弗洛伊德在治疗病人的过程中逐渐摸索

---

① 抑制指的是正常功能的限制。比如，无法正常地完成性行为（阳痿），或者无法正常地进食（厌食）。

形成的。这种方法要求闲置判断和刻意思考的功能，让大脑中的各种想法、幻想、记忆、感受等自由地浮现，并将浮现的心理成分尽可能真实地表达出来或记录下来。

“仿佛你是个坐在火车车厢里的旅客，向车厢里的某个人描述你所看到的窗外变幻的景象。”弗洛伊德认为，这些想法、记忆、幻想等不是随机产生的，而是有一定约束的。通过自由联想的过程，以及对于自由联想过程中阻抗①的觉察，我们有机会去逐渐探索那些不曾意识到的想法和感受。神奇的是，当人们进行自由联想时，往往会不自觉地浮现一些其试图回避的情感、回忆和愿望，对这些压抑的心理材料的识别和理解，是精神分析治疗中非常重要的内容。

有了自由联想这种方法，那么，利用什么样的材料来进行自我探索呢？几乎所有的心理材料都可以通过自由联想来探索，其中，梦、幻想、感受和记忆是最常用的材料。这些材料你可能很熟悉，它们无时无刻不在产生，不过，也许你很少认真地留意过，或者试着了解它们。关于这一点，我可以打个比方。也许你每天上下班都会走同样的路线，看到同样的建筑和景观，对此你早就熟视无睹，这种感觉会让你自以为对所居住的地方很了解。如果你有时间和兴趣，在某一天试着走一走不同的路线，你可能会惊奇地发现，这里有一所学校，那个角落有一栋

① 阻抗指的是在心理咨询过程中，由于不愿意触及一些不愉快的情感或想法，来访者有意或无意地采取一些方式来避免它们的呈现。

新造好的漂亮建筑，或者某处竟然还有一个博物馆，以及你从未体验过的到小区旁边的河道散步的感觉！总之，你会有很多新奇的发现，这些发现让你一下子产生一些新鲜的感受，你不得不承认，你其实并不那么了解自己所居住的地方。

在内心探索的过程中也会有类似的体验。如果你留意你的梦、感受、幻想和回忆，并对此展开自由联想，你会浮现更多的想法、回忆和感受。也许你会发现，原来你以为早就过去的事件里，竟然仍有很多未体验过的情感；原来你并不在意的人，竟然带给你很深的影响；原来你以为自己没什么梦，之后竟然发现有很多神奇的梦境，以及梦中所隐藏的完美答案；或者，你会发现一些让你害怕的愿望与冲动，你竟然有很多见不得人的想法和经历；等等。在那个时刻，你同样会认识到，你只是对自己的某些部分熟悉而已，还有很多情感、经历、想法、愿望一直在你的内心中，但从未被你认真思考过。

从治疗的角度来讲，精神分析是指分析师通过精神分析学派的理论和方法对来访者的内心世界进行探索并进行治疗的过程；自我分析则是一个人利用精神分析学派的理论与方法，对自我进行探索和疗愈的过程。精神分析创始人弗洛伊德肯定了自我分析的价值，新精神分析学派的霍妮专门写了一本叫作《自我分析》的书，其他一些学者也进行了这方面的探索。不过，自我分析还没有成为一种广为人知的方法，有些精神分析学家对于自我分析存在矛盾的态度。

在本书中，我试图把在心理咨询过程中发生的，对于记忆、感受、梦、幻想的讨论，在自我分析中延续下来。目的有两个：一是给那些从未做过心理咨询的人提供一种认识自己的途径；二是使那些已经或正在接受心理咨询的人掌握探索自我的方法。心理咨询是有时间限制的，每周1—3次咨询，每次50分钟，虽然有与专业咨询师的交流，不过，由于时间有限，总有很多遗憾。在每次咨询之外，来访者往往会有很多联想，却没有人可以讨论。同时，心理咨询也有一定的局限，很多人并不能从心理咨询中受益。如果在咨询之外，或者咨询结束之后，或者没有通过心理咨询，也能够延续内在探索，这会不会是一件值得做的事情？作为自我分析的爱好者与实践者，我愿意为这种探索提供有价值的参考。

本书以精神分析理论为指导，系统回顾了自我分析的起源与发展，并提出自我分析的基本设置和要求。在之后的几章中，分别从梦、幻想、感受和记忆四个方面具体阐述了这些心理材料的特点，以及通过这些材料进行自我分析的方法和注意事项。这四个方面的内容并不是截然分开的，而是相互联系的。对梦进行分析时，自然会体验到一些情感（轻微的或强烈的），产生一些回忆，联想到曾经有过的幻想；同样地，在对感受进行分析时，梦、记忆和幻想也可能浮现在意识里。为了更好地说明情况，书中引用了一些案例。这些案例有些来源于其他作者的文章（已在文中备注了出处）；有些来源于新闻报道或“知乎”网站上某些网友的分享；有些是我的来访者的素材，所有案例都经过加工和整理，避免暴露个人隐私。

本书缘起于几年前我写过的一篇名为《如何认识你自己》的文章，文中提出了从梦、幻想、感受及记忆四个方面进行自我分析的途径。中国法制出版社的李佳女士看到此文后，鼓励我从这四个方面详细展开，以便于指导读者更好地认识自己，这个中肯的建议一直被我放在心里。经过几年的酝酿、探索、整理和思考，最终促成了本书。同为法制出版社的周熔希女士对本书进行了细致的校对与润色，使文字的可读性大大增强。在此一并致谢。

自我分析是一项痛并快乐的活动，它既能带来快乐和满足，也能带来一些痛苦与不适。自我分析所带来的快乐来源于深入了解自己后所获得的知性需要的满足，也可能与探索过程中压抑情感的宣泄有关。当通过自我分析得到人格成长时，也能获得成就感和意义感。自我分析也是痛苦的，当一个人选择直面自身时，总会有些尴尬、羞愧和抗拒，同时，在有些人看来，探索自己是一件令人恐惧的事情，因为他们不确定会发生什么可怕的情况，以及不得不面对一个与意识里不一样的自我。不过，一个人越是愿意直面内心阴暗的部分，越能带来收获与成长。期待本书能为读者的内在探索提供科学的指导，让自我分析成为一种认识和疗愈自己的途径。

目录

第一章

自我分析

弗洛伊德，自我分析的开创者

“我很快就发现了进行自我分析的必要性。我借助于我自己的一系列梦做到了这一点，这些梦把我带回到我的童年的一切事件中；今天，我仍然持这种意见，对每一个好的梦者而又不是太不正常的人来说，这种分析可能是足够的。”（引自《精神分析运动史》）作为精神分析的创始人，弗洛伊德也是运用精神分析的理念进行自我分析的开创者。《刻意回避：日常生活的心理分析》《梦的解析》这两本书记载了弗洛伊德对于梦、早期记忆、失误、遗忘的记录与分析。弗洛伊德使用的方法很简单，就是不断地追忆、联想，直至发现有价值的主题。

弗洛伊德自我分析的材料中，梦是最重要的内容，他的《梦的解析》一书记录了大量他自己做的梦，从某种程度上来说，这本书也是他的自传。我们可以举其中一个例子——关于“植物学专著”之梦，看看他是怎样对梦进行自我分析的。

梦境：我曾写过一本关于某种植物的专著。这本书摆在我的面前，我正在翻阅一页折叠起来的彩色插图，书的每一页都有一个干枯的植物标本。

这是一个很平淡的梦，梦中没有任何情绪的波澜，而一旦对梦元素展开自由联想，就会发现事实并非如此。

植物学专著：弗洛伊德联想到白天在商店橱窗中看到一本论樱草科植物的著作。植物学专著又让弗洛伊德想起曾经写过的关于可卡因的著作（可惜的是，作为可卡因发现的先驱者，弗洛伊德的地位并未得到承认，这一直让弗洛伊德愤愤不平）。而可卡因又与他的一位朋友柯尼斯坦相关联，做梦前一天，弗洛伊德与他有过交谈，弗洛伊德发现这次谈话才是这个梦的激发因素（具体内容在书中没有展开，可能是关于弗洛伊德对可卡因发现的贡献未被承认的情况）。

他们在谈话时，于大厅里遇到了加特纳教授（名为Gardener，字面意思为园丁）和他年轻的如花似玉的妻子。这让弗洛伊德联想到几天前看到的为了纪念他曾经工作过的实验室成立50周年编写的一本纪念文集，加特纳是编者之一。文集中关于可卡因的发现，只强调了弗洛伊德的同事科勒的贡献（客观事实是：弗洛伊德是可卡因发现的先驱者，科勒是可卡因的正式发现者，而柯尼斯坦这位眼科医生是首位将可卡因用于外科手术的医生），却没有提到弗洛伊德。

加特纳如花似玉的妻子又让弗洛伊德联想到他的一个叫作芙罗拉（Flora，意为花神）的病人，以及他忘记给妻子送花的事情。这些内容似乎无关紧要，但它们充当了“植物学”与激发梦的谈话事件之间的桥梁；同时，我们在后面不难看出，弗洛伊德对妻子的忽略，似乎也与他担心自己的著作被人忽略有类似之处。

植物学还让弗洛伊德联想到他在读中学时校长要求他清洁植物标本的事情，当时，他感到校长对他并不放心（只分给他少数几页标本）。还让他联想到一次植物学考试因为不会辨别十字花科植物而差一点不及格的经历。这些联想似乎都与被否认的主题有关，这又与在可卡因的发现上弗洛伊德的地位未被承认相联系。

继续的联想包括他童年时第一次与书发生密切关系的情景：弗洛伊德的父亲让5岁的他和3岁的妹妹把带有彩色插图的书撕成碎片，当作一个游戏。父亲似乎对书籍并无好感，这个记忆是不是暗喻着自己的价值（专著）并不能得到父亲的认可？

看到专著放在我面前。这令弗洛伊德想起前一天收到的弗利斯写来的信，信中弗利斯说到他的想象："我对你正在写的关于梦的书（指《梦的解析》一书，弗洛伊德早就告诉弗利斯这个打算，而且当时正在努力撰写）非常着迷，我看到它已写完放在我面前，而且我自己一页一页地翻着。"弗洛伊德很高兴地想：要是他的预言成真，那该有多好啊。梦中就以植物学专著放在他的面前来暗喻了这个愿望，影射了弗洛伊德渴望被人承认的愿望。

彩色插图导致一个新的联想。有一次，弗洛伊德为他的论文画了插图，因为画得很糟糕，遭到了同事们的嘲笑。还有弗洛伊德爱书成癖的习惯，他因为经常买书，在17岁时欠了一大笔债，他的父亲也为此颇有批评。彩色插图仍然让弗洛伊德联想到童年时父亲曾让他与妹妹撕书的记忆。而枯干的植物标本又让弗洛伊德想到中学时那件清洁植物标本的事情，而且强调了童年撕书的记忆。

好了，有点枯燥的自由联想结束了，能发现什么主题吗？我们通过对这个“植物学专著”的梦的讨论，呈现了弗洛伊德对自己的价值的心理冲突：一方面希望得到承认（给予可卡因发现的贡献的承认，以及《梦的解析》一书的正式出版），另一方面又不太有信心，担心正在撰写的著作重复可卡因发现的命运（作为可卡因发现的先驱者的地位被人忽视了），或者毫无价值（被小孩撕着玩，被父亲否定），以及被人嘲笑（因为插图没画好被同事们嘲笑的回忆）或忽视。我们不难发现，一个看似不起眼的梦的片段，却能呈现一些隐藏的心理主题，涵盖了他的幼时记忆、自我价值没有被承认的痛苦，以及相伴的愿望与情感等。

我们再来看看弗洛伊德是如何对他的一个早期记忆进行自我分析的。一般来说，让人印象深刻的早年记忆往往会有重要的价值，从中可以发现一些创伤事件或者核心的心理冲突。弗洛伊德对他在3岁时的一幕记忆印象深刻。

我看到自己站在一个衣橱前面大叫着要找什么东西，大我20岁的同父异母的哥哥①把衣橱门打开了，突然，看起来很漂亮、很苗条的母亲走进了房间，好像她是从街上回来的。（引自《刻意回避：日常生活的心理分析》）

---

① 弗洛伊德的父亲有过两任妻子，弗洛伊德是父亲第二任妻子生的孩子。

如果从这个表面的回忆来看，发现不了什么东西。也许我们会猜测，是哥哥取笑年幼的弟弟，然后妈妈回来阻止了哥哥的恶作剧。这样的分析似乎并没有太大的价值，弗洛伊德自我分析道：

经过努力分析，我有了一个全新的观点：自己失去了母亲，因此认为她被关在衣橱里，正是因为这个原因，我才要求哥哥打开衣橱。当他按我的要求做的时候，我才发现母亲并没有在里面，所以我便开始哭闹，此时的记忆场景过得很快，接下来就是我妈妈的出现，她缓和了我的焦虑情绪。

这是一种可能性，反映了3岁孩子对于妈妈离开的焦虑，不过，这里仍然有一些疑点：为什么这个孩子要在衣橱里寻找不在面前的妈妈？衣橱有什么特别的含义吗？这些疑点萦绕在弗洛伊德的脑海里，他并没有急于猜想原因，直到有一天他做了一些梦，梦中模糊地出现了一个保姆。他马上想起与保姆有关的一些不好的记忆，比如，这个保姆经常让弗洛伊德将别人送给他的硬币交给她。为了进一步确认关于保姆的记忆，弗洛伊德特意去向他当时年迈的母亲询问幼时关于保姆的一些事情，他的母亲提到这个精明但不忠实的保姆在她分娩期间（在弗洛伊德2岁左右时，母亲怀上了他的妹妹）经常偷家里的东西，为此弗洛伊德的异母哥哥曾将这个保姆送上法庭。

从母亲这里得到这个回忆后，弗洛伊德突然理解了为什么在这段记忆中，他将注意转向了哥哥，并问他母亲在哪儿。弗洛伊德猜测幼时的自己可能注意到，母亲的消失与哥哥有关，也许哥哥用他回避、俏皮的方式告诉弗洛伊德，妈妈被关了起来（这是很多大孩子欺负小孩子时的谎言）。弗洛伊德猜测，当母亲因为分娩离开他后，他可能认为哥哥用对待保姆的方式对待了他的母亲，因此在记忆中，他逼迫哥哥将衣橱打开，以确认母亲是否在里面。如果从这个层面去理解，这段记忆似乎浮现了妹妹出生导致母亲短暂离开带给他的心理创伤，以及他对哥哥的敌意。我们可以猜测，在进行这段记忆的自我分析时，弗洛伊德可能出现了某些哀伤的情感。

弗洛伊德对这段早期记忆的分析并没有止步，几年后，他又有了新的发现，并写在他的《刻意回避：日常生活的心理分析》一书的附注中。

> 任何一个对童年时期心理生活感兴趣的人都会猜想：我哥哥的要求是一个深层的决定因素。那个孩子还不到3岁，他已经知道，即将来到人世的妹妹就生活在母亲的肚子里，他不赞成在这个家庭里增加这么一位新成员，因此小家伙儿便充满了焦虑和敌意，认为母亲肚子里隐藏了很多孩子。衣橱就代表母亲的肚子，所以他坚持要看一下衣橱里面。他把这种敌意又转向了哥哥，在孩子出现的时候，哥哥（正如从其他材料中明显看出来的那样）取代了父亲的地位。除了哥哥把保姆关了起来这个疑虑之外还有其他疑虑：是哥哥把就要出生的孩子关到了

母亲的肚子里。当发现衣橱是空的时，失望的情绪就从孩子的表面动机中出现了，这与孩子深层的心理活动是矛盾的。当母亲回来时，看到她很苗条，对他而言是一个巨大的满足。

在幼儿的幻想中，衣橱隐喻了母亲的身体，衣橱能够放东西，母亲的身体里有其他小孩。年幼的弗洛伊德想看衣橱里的东西，他真正关心的是，母亲身体里那个即将出生的妹妹到底在不在，他希望把即将出生的妹妹仍然关在母亲的身体里，他对她充满了焦虑。也许是3岁时妹妹出生前后所带来的心理创伤，让弗洛伊德对这一幕记忆以及伴随的幻想印象深刻。

弗洛伊德在给他当时的好友弗利斯的信件里，说明了自我分析过程中的困难、欣喜与沮丧。有时候，他雄心勃勃，不断有新的领悟和发现；有时候，又会处于极端懒惰的状态，智性活动停滞不前。在自我分析中，他也能体验到在分析时患者出现的阻抗现象，即不愿意对内心进行进一步的探索，宁愿让分析工作停留在那里。克服阻抗之后，他的自我分析工作又会有新的进展，事情又会有新的变化。他进行自我分析的材料主要是梦，但他并没有把自己完全限制在梦的分析中，他也搜集自己的回忆，说溜嘴或写错字的内容，一些遗忘的情况，等等。弗洛伊德说道："在43岁的时候，把兴趣转向包括童年在内的剩余记忆。"对于自我的探索让他回想起婴儿时期的天主教护士、他对裸体母亲的一瞥、他希望弟弟死去的愿望，以及其他儿童时期压抑的记忆。

自我分析以及对他人的精神分析，让弗洛伊德有了许多重大发现，如俄狄浦斯情结、神经症的性创伤理论、神经症患者中潜藏的罪恶感、心理防御机制等。根据《弗洛伊德传》一书的作者彼得·盖伊介绍，弗洛伊德在19世纪90年代中期开始对自己做自我分析，在1897年暮春或夏初系统性地进行了一段时间。

不过，弗洛伊德对于自我分析的态度是矛盾的。一方面，他主张自我分析，“我最重要的病人就是我自己，在一段旅行之后，我的自我分析没有任何预兆地展开了”；他还专门为一位来访者所撰写的关于自我分析的书作序，认可了这种方法的有效性。另一方面，他又说“真正的自我分析是不可能的，不然就不会有心理疾病的存在了”；他认为被他人分析的经验，优于自我分析的途径，所以他强烈主张精神分析师接受他人的分析。

在弗洛伊德所进行的自我分析中，有一个特点需要注意到，即他会将一些自我分析的结果以信件的方式邮寄给他的好友弗利斯，因此，从某种意义上来说，弗利斯的角色类似于在接受分析的过程中那位大多数时候作为沉默的见证者的分析师。弗洛伊德给予弗利斯一个称呼：他者（Other）。彼得·盖伊评论道：“弗洛伊德，不论多么胆大或是具有原创性，他如何能成为自己的他者呢？”（引自《弗洛伊德传》）所以，是否可以在没有他者的情况下开展自我分析，成为弗洛伊德没有解决的问题。

那么，促使弗洛伊德进行自我分析的动机是什么呢？作为精神分析学派的开创者，弗洛伊德进行自我分析的动机主要是为他的精神分析学说的创立提供支持，而不是通过自我分析疗愈自己。无论是俄狄浦斯情结，还是神经症者的内心冲突，以及梦理论的建立，包括他的意识层次理论、人格结构理论、性心理发展阶段理论等，都离不开他对自我的充分探索。分析病人和自我分析，成为弗洛伊德学说创立的两大源泉。

霍妮，自我分析的创导者

另一位精神分析师霍妮也肯定了自我分析的价值。作为新弗洛伊德主义代表者之一，她在《自我分析》一书中系统地总结了自我分析的可行性、局限性，介绍了自我分析的理论背景、操作方法等。她认为，自我分析就是发现你的神经症倾向①，自我分析与接受精神分析一样，均是一个找寻真我的过程。自我分析的目标是“对神经症的倾向予以认可，对它的含义进行认识，把它与别的神经症倾向的关联揭示出来”。当人克服了种种

① 在霍妮的理论中，神经症倾向指的是一些病态的、负向的人格结构（行为、信念、态度等）。各种神经症倾向组成一个网络，各倾向之间相互冲突或相互强化。神经症倾向是在（幼时）面对恐惧、无助和孤立时发展出来以应对生活的人格结构。

神经症倾向的抑制，人格中的建设性力量就能充分发挥作用，一个人就成了真正的自己。

她区分了内省与自我分析的差别。比如，你因别人的一句话出现了愤怒情绪。

内省：你可能会想办法平息这种愤怒情绪；你可能会在心里责怪对方；你可能会想到怎样才能不被别人激怒；你也可能由于这种愤怒情绪而自责，责怪自己还是容易受别人影响。在内省中，往往有很多的价值判断，这些判断阻碍了更多心理材料的浮现。

自我分析：由于别人的一句话而愤怒；你觉察到了这种愤怒；你想到昨天晚上同样出现了这种愤怒；你想起昨天那件让你愤怒的事，当时的情节出现在你的脑海里，当时的内心对话也被你再一次回忆起；脑海里出现了父亲的形象，想到了有一次父亲严厉批评你的情景，但那件事你是无辜的；你还想起了弟弟，你发现弟弟很少被父亲批评，即使批评也是温和的；你体会到了一种委屈的感觉，一种失落的心情；你觉得受到了不公平的待遇；你意识到你对批评的愤怒原来是因为觉得不公平……

我们不难发现，内省中只有愤怒的情绪，以及对自己的各种批评；而在自我分析中，除了愤怒之外，还有委屈、失落、忧伤等更深层的情感，并回忆起过去类似的事件。我们还不难发现，内省容易陷入防御之中，把防御看成是理所应当的，从而没有深入挖掘背后的内容；内省的过程往往也是一个推测和充满判断性的过程。自我分析则是开放的、无主题的、随意的，目的仅在于深入了解自己。它允许思想自由流动，觉察自己可能存在的阻抗和防御。

霍妮自己也进行自我分析。她鼓励她的同事们进行自我分析，她也鼓励她的患者在分析工作的中断期间进行自我分析。她认为，可以在如下情景进行自我分析：心理治疗的间歇期；独自进行自我分析并偶尔找治疗师做一次检查；心理治疗未成功地结束，本人也可以继续自我分析；可以在没有外部分析帮助的情况下进行——尽管这一点在她看来要打上问号。

霍妮认为，内心世界是每个人认识的唯一世界，因此自我分析对心理学知识的要求，比分析他人的要求低，而且根本不需要分析别人所必需的那种策略技能（比如共情、澄清、解释等技术），也不需要专业分析师那样的知识结构。在心理咨询界有一句耳熟能详的话——“来访者是他心理问题的专家”，说的也是同样的道理。因为分析的是自己，所以一个人并不需要具有太多理论知识和技术，只需要掌握自由联想的原则与态度，不断地呈现内心的联想、回忆、画面和想法，对它们进行识别与体验即可。当然，一定的精神分析知识，比如对于象征、隐喻的识别能力，对于某些心理主题的敏感性，有助于提升自我分析的效率。

霍妮区分了两种自我分析，一种是间或自我分析，另一种是系统性自我分析。间或自我分析的主要领域，不在于深入复杂的神经症性格结构，而在于严重的明显症状，那些具体的并往往是急性的障碍。间或自我分析的目标是辨认出激起具体障碍的因素，并清除这些因素。也就是说，当你受到某症状或情绪的困扰，那么，你可以用自我分析的方法进行探索。

在她的《自我分析》一书中记载了一个通过自我分析缓解头痛的例子。约翰是一位秉性温厚的经理，结婚5年似乎都很幸福，但受到弥散性抑制和“低人一等感觉”的困扰，近些年这些困扰又发展成间歇性头痛，而且没有明显可查的生理根源。有一次，他与妻子以及两位朋友一起去看一出音乐剧，在戏剧演出期间，他感到头痛。他觉得奇怪，因为在去看音乐剧之前，他一直感觉良好。刚开始，他有点恼怒，把头痛归咎于音乐剧演得不好，浪费了一个晚上的时间。但他很快意识到，一个人毕竟不会因为一出剧演得不好而头痛。认真想一想，这出剧也不算太糟糕。可是，这出剧根本无法与他本来更喜欢的萧伯纳的那出剧相比。“本来更喜欢”这几个字在他的心头翻滚。就在这时，他觉得内心闪过一丝怒火，并看到了它们的联系。当这两出剧被提出来与妻子讨论以求做出一个选择时，他的选择被否决了。那甚至算不上一次讨论，他觉得自己应该有谦让的风度，况且看哪出剧又有什么要紧？但是，对于这件事他显然看得很重，他也曾为受到如此强迫而觉得怒火中烧。有了这一认识，他的头痛消失了。同时，他还认识到，这并不是第一次以这种方式引发头痛。例如，还有多次桥牌晚会，他都不想参加，但最终在别人的劝说下还是去参加了。

我们可以看到，压抑的愤怒（来源于他对自己应该有谦让风度的要求）导致了他的头痛，而仅仅通过简单的自由联想，他就探索到了这些愤怒，由此症状得到缓解。

一个人带着愉悦的心情与他的同事们一起游览一座高山。当他靠在悬崖边的栏杆上拍照时，他突然感到强烈的恐惧，害怕自己会一不小心跳下去，那种失控的感觉是如此栩栩如生，以至于让他赶紧离开栏杆后才觉得安全些。他很惊讶于这一点，因为以前似乎并没有这样强烈的想要跳下去的冲动。回到宾馆后，他对此进行了自我分析。他想起了在13岁左右的一件事。当时家里正在建房子，阳台刚砌好，水泥还没有凝固。并不知情的他靠在阳台刚砌好的半面墙上，双手扶在栏杆上与别人说笑。突然，一位建筑工人紧张地对他喊："不要靠在那里！墙要倒了！"他被吓了一大跳，以为发生了什么事，赶紧离开那面墙。这件事萦绕在他心里许久，他曾经非常后怕，想到当时如果略微用力，也许墙就倒了，他很可能从楼上摔下去，生死难料。他进一步想起在七八岁时的一件事，当时经常与小伙伴们一起去山上玩。有一次在山上玩时，他踩到了青苔，脚下一滑，急速往下掉，幸好机智的他一把抓住了旁边的小藤条，否则一定会摔得粉身碎骨。

这两个回忆都让他害怕，不过，这并没有明显减少他对于高度的恐惧。直到有一天，在一次偶然的联想中，他突然回忆起他读初中时的一段经历。当时他刚刚了解到电路的知识，不知道是为了显示自己很懂，还是为了吸引别人的注意，他有时会去摸一下村里电闸外面露出的两条引线（是村里为了接电线所设），他想当然地认为这两条引线是没有电的。确实，当电闸里的开关没有合上时，引线并没有电，但开关一合上就会有电，而开关在电闸的盒子里，是否合上，只有打开盒子才能看到。他其实并不了解这一点。有几次，他和身边的小朋友说，这两条引线是没有电的，还大胆地摸了一下，确实没有电，大家都很佩服他的胆量。直到有一天，一个比他略大几岁的小伙伴看到他这样做，笑着问他为什么要这么做。他大言不惭地说这不要紧，又没有电。那个小伙伴打开电闸盒子，把开关合上，对他说："现在你摸摸看。"当时他害怕了，犹豫了，也许还有想去摸一下以证明自己是对的的冲动，最终他不敢去摸。当他回忆起这个情景时，内心产生了一股凉意。他意识到，如果没有这个小伙伴的提醒，也许有一天，他可能会被电死。死亡就在这么一瞬间！他不理解当时的自己为什么要去玩那么危险的游戏，只是感到悲伤与害怕。

这几个回忆都与死亡有关，而且都可能由于一时冲动，或者一不小心，最终导致死亡的结局。他恐高的核心，便是一种一时失控而带来的死亡可能，以及曾经出现过的带有自杀性质的死亡冲动。他第一次深切地感受到，在幼时的那几件事情中，死亡曾经离他那么近。这些回忆的浮现及其伴随情绪的再体验，真正缓解了他对高度以及死亡的过度恐惧，他理解到背后的原因，心里也有了一种宽慰。

较间或自我分析而言，系统性自我分析的频度更大，更重要的是，后者保持连续性和问题的跟进。激励间或自我分析的因素是障碍的压力和消除它的愿望，而激励系统性自我分析的终极动力是千方百计地与自己作斗争的不屈不挠的意志。这是一种成长的愿望，需要一种对己诚实的精神。

在进行系统性自我分析时，要建立起对心理障碍的正确态度，即一种无须刻意强求的放松和接纳的态度。霍妮建议，应把消除障碍置于心灵的后台，把它当作一个终究会得到探索的领域。在他能够一窥自己具体障碍的性质之前，他必须十分清楚地认识自己。随着他的这种认识的积累，如果他对自己的发现的含义足够警觉，他就会逐步把牵涉在障碍中的种种因素归纳起来。她说道："如果你想分析自己，就绝不能只研究那些显眼的东西。你必须抓住每一个机会逐渐熟悉你自己这个陌生人或熟人。"(引自《自我分析》)在时间安排上，霍妮并不主张每天制定严格的自我分析时间表，因为自发性是自我分析最宝贵、最不可缺少的因素。

在霍妮看来，自我分析的真正困难在于，人们对于潜意识力量的抗拒与排斥。所以，想要进行自我分析的人，对潜意识的说法要持一种肯定的态度。如果你严重质疑潜意识的说法，认为它是伪科学，就会阻碍自我分析的进展。你还要具备关于阻抗的知识，阻抗的根源是患者维持现状的志趣的总和。这些志趣不是指患者具有维持疾病的意愿，他要维持的不是神经症，而是神经症对他证实具有重大主观价值、在他心目中保有未来安全和满足的许诺的那些方面。我们知道，神经症状往往是一种妥协形成的结果，压抑的创伤性记忆或者病态的冲动想要突破意识的屏障，而超我或自我则极力打压这些心理成分的浮现，最终以症状的方式得以表达。前述那个头痛的约翰先生，他的头痛便来源于他压抑的愤怒，当针对某一对象的愤怒即将表达出来时，出于礼貌或友好等道德性要求，他压抑了它，最终，压抑的愤怒以躯体化的方式（头痛）得到表达。如果让他主动表达那些压抑的愤怒，就意味着他会受到道德的责备（比如批评自己太过计较、过于自私等），也会严重改变他一直以来留给别人的印象，而这些也许是他不愿意放弃的。

也许正因为阻抗因素的存在，以及它的强大力量，霍妮主张自我分析与接受分析师的分析结合起来，特别是当自我分析遇到困难与瓶颈时，通过他人的分析，有一种“旁观者清”的作用，更有利于发现阻抗的存在并进行克服。同时，没有接受分析的经验，一个人容易陷入内省之中，远离了自由联想的原则，也缺少了自我探索的意义。

自我分析的优点包括：对于那些因为钱、时间或地点的原因而不能进行常规治疗的人是可取的；对于那些正在接受分析治疗的人可以大大缩短疗程；可以导致内在实力的增强，即自信心的增强。自我分析的缺点包括：也许会过多地进行那种毫无目的的冥思苦想；那些在治疗时倾向于在这种死胡同中兜圈子的人，更有可能会如此；效率较低，分析失败和分析过程旷日持久，从抓住一个问题到问题的解决，可能需要相当长的时间。

那么，自我分析是否会有危险呢？比如，如果辨认出某一至关紧要的潜意识冲突，但一时未能找到出路，他心中深藏的焦虑和无助感会不会被唤起，以至于使他患上抑郁症，甚至考虑自杀？根据霍妮的观察，这种不幸的后果从未出现过。经验表明，患者完全有能力保护自己，免受没有能力承受的洞察的损害。

不同于弗洛伊德将自我分析主要用作探索人类心理机制的途径，霍妮更多地把自我分析用于症状的解除，无论是间或自我分析，还是系统性自我分析，霍妮聚焦的主要是神经症的症状，通过对症状背后的情感、想法、回忆等的探索，最终达到症状缓解或消除的目标。因此，霍妮所创导的自我分析，更有症状疗愈的意义。

一位来访者的自我分析

皮克沃斯·法罗毕业于英国名牌大学，是一位受过严格科学训练的人，他在大学期间阅读了弗洛伊德撰写的几本关于精神分析的书，了解了卡尔·荣格[①]正在进行的“词汇联想实验”，

① 卡尔·荣格（Carl Gustav Jung，1875—1961），瑞士心理学家。1907 年开始与西格蒙德·弗洛伊德合作，6 年后与弗洛伊德分道扬镳，创立了分析心理学派。

对精神分析产生了浓厚的兴趣。在1923年的某段时间，他因为轻微的神经症症状前去寻求精神分析，他接受了两位分析师的精神分析。这两次分析让他对精神分析有了感性的认识，收获很大，痛苦也很深，最终开启了他的自我分析之旅，并撰写了一本书：*Analyze Yourself：Enabling Anyone to Become Deeply Psychoanalyzed Without A Personal Analyst*。弗洛伊德在书的序言中评论道：

他是一个有很强的独立智慧的人。也许是因为他有点任性，他没能和两位分析师和睦相处，于是，他开始系统地运用我过去用来分析自己的梦的自我分析方法。正是因为他的个性和技术的特殊性，他的发现值得注意。

他与第一位精神分析师一起工作了3个月时间，每周见5次，总共约60小时。在这段分析中，两人之间对于分析的方式产生了持久的冲突。这位来访者坚持要在分析间期用笔记记录下内心的想法与联想，并在接受分析时与分析师讨论，而分析师则反对他这一做法，最终，这段分析以分析师将他转介给另一位精神分析师而告终。他与第二位精神分析师工作了3个月多1周的时间，每周见5次，每次进行2个小时的分析，总共约140小时。他与第二位精神分析师对于分析的理解和做法也无法达成一致，并最终爆发了一次明显的冲突。在一次分析中，这位来访者重复了某些特定材料，分析师要求他远离这些材料。

他努力执行这一要求，沉默了约半分钟后，话题又回到了那些特定的材料，这激怒了这位分析师，他厉声说道："如果你不把这些材料放在一边，我就不做你的分析工作了。我们不妨现在就结束它！"分析师这样的表达严重伤害了这位来访者，最终来访者决定停止分析。

与两位分析师工作的体验

虽然与两位分析师的工作不太愉快，但也带给他很多收获。他主要的收获在于缓解了情绪，发现了许多以前他没有注意的东西，他的气色变好了，不再那么易怒，周围人明显觉察到他的积极变化。分析揭示了他压抑的死亡恐惧，以及对性的压抑。分析还唤起了他一些童年时期的记忆，这些记忆如果没有分析的帮助，也许永远不会再现，其背后的意义也无法得到理解。

作者记录了某次分析中获得的回忆和理解。他曾在脑海中反复地回忆起在他16岁那年参加的某次考试，当时他走在维多利亚火车站旁边的一条街道上，这条街道似乎是封闭的，在车站的尽头，则矗立着一座垂直的钟楼。每当想起这个画面时，他总有一种愉快的感觉，但不知道具体的原因，他也惊讶于为什么这样的画面会让他感到愉快，并经常会浮现这个画面。分析让他发现，封闭的街道以及上方垂直的钟楼，其实是性交的象征。这个理解马上让他联想到，那年参加考试期间，他曾经在这条街上的某个艺术馆里看到一幅画，是拉斐尔前派的画，画的内容是一个被绑在树上的裸体女子被一名武侠用剑救了下来，这幅画明显有性的含义。当时的他对于性极为害羞，看到这幅画既好奇又害羞，与这个体验有关的记忆被压抑，其情感被移置到关于街道与钟楼的场景上了。这一分析让他对精神分析的兴趣和真实性越来越信服。

他对两位分析师的主要不满在于，在接受精神分析治疗的过程中，他产生了大量的联想，他把这些联想记录下来，并在下次治疗中读给分析师听。而两位分析师都反对他的做法，理由是这种笔记分析会导致想法的固定或僵化。然而，他根据自己的体验知道，事实并非如此，因为他发现记录下来的笔记以相当明确的形式表达了思想，并能进一步发现一些其他的心理材料。他发现，早期的笔记虽然在后期被完全遗忘和丢弃，但它们在帮助发现更为透彻的内容方面是很有用的。

另一种让他特别不满的情况是，在分析过程中，他会有大量的联想，他希望把这些联想充分地表述出来，从中得到情绪的清理和表达，但分析师总是打断他的话，让他无法充分地自由联想。他觉得分析真正的收获，往往是在有限的、他可以自由联想的间隙中获得的，分析师的提问与解释反而对他的自由联想造成了严重的干扰。

通过作为一个来访者的体验，他强烈建议，分析师在分析过程中，要让来访者做自己喜欢做的事情，分析师要尽可能地少说话。那么，既然如此，需要分析师做些什么呢？他认为，分析师的作用是提供一种“精神牵引”（mental pull），分析师的“精神牵引”是分析中最重要的一点，当来访者能够足够信任分析师，而获得足够信任的分析师在治疗中保持沉默，并要求来访者确切地说出自己心里的想法，来访者就会试图克服阻力，说出他想说的话。他写道：

这些分析师的经验使我认为精神分析本身是一个非常合适且有益的过程，但分析师最好让他们的病人尽可能地说和做他们想说和想做的事。分析师需要做的，只是在病人沉默的情况下，通过精神牵引的作用，让病人说出来，并把压抑的材料带到意识层面。一些精神分析学家可能对最好的技术有一个错误的想法，并且在其他方面过多地干涉他们的病人，从而延迟和中止了最好的结果。

开始自我分析

与两位分析师一起工作的体验，激起他通过自我分析的方法解决自己问题的动力，于是，他开始了自我分析之旅。这个自我分析的过程让他收获很大，他能够回忆起大量以前被压抑的记忆材料，之前他完全不知道这些材料的存在，或者无法理解它们的意义。具体来说，他追溯到三四岁时一个严重的阉割情结；一个与断奶过程有关的早期事件，大概发生在出生后的11—14个月；他甚至还记起在他6个月时的一件事。这些记忆的浮现，缓解了一些一直伴随他的轻微心理症状。

自我分析无法出现一对一分析过程中的移情[①]现象，那么，这是不是意味着自我分析就没有效果呢？通过自我分析的实践，他发现移情并不是必不可少的。他很快就通过这种方法获得了出色和长久的治疗效果，他甚至认为，与分析师一起工作很难取得这样的结果，虽然不是不可能。他发现，自我分析所获得的远远超过从两位分析师那里所获得的，而且所需时间更短。他非常自信地表示，只要人们能够足够坚定地遵循他探索到的方法，就会有非常好的收获。

那么，他是怎样进行自我分析的呢？他认为，自我分析的要求是只关注当下在意识层面的想法，他主张：“在任何特定时刻，将注意力放在持续不断的有意识思想上的方法才是正确的方法。”这句话是什么意思呢？指的是不断地记录脑海里冒出的新鲜想法，不去判断对错，不用刻意思考，只需要记录下来即可。虽然当这些材料被记录下来之后，意识里的判断或评价过程就会自动出现，但他强调，一定要保持一种非评价的态度。

在纸上写下任何瞬间出现在脑海中的东西是该方法的关键。他说：“如果发现这种方法很愚蠢——就写下来；如果发现这很浪费时间——就写下来。”也就是说，“无论在某一瞬间脑海里

---

① 移情（transference）更贴切的术语叫作“转移关系”，也就是将过去的某种关系转移到当下的某段关系中。弗洛伊德说道：“（移情）这种情感并非建立在他们真实关系的基础上，正如它出现时的每个细节所表明的那样，它只能追溯到已成为潜意识的病人的那些过去幻想中的愿望。患者所无法回忆的一部分情感生活又在他与医生的关系中重新体验到了。”

的想法是什么，都将它们写下来，无论它多么荒谬，无关紧要，令人不愉快，从未想过，离题万里，不恰当，或者看起来完全疯狂——尽可能快地将其写下来”。其实这些原则，就是精神分析所主张的自由联想的要求。

他提到自己的一个经验。比如，他想起某段经历，然后在纸上开始写下该经历的一些细节，写的过程中，新的想法或回忆冒出来了，那么，他是放下前面的细节，写下这些新的想法或回忆，还是把新的想法或回忆放在一边，继续补充原先经历中的细节？他主张，先把那些细节放在一边，只是写下新的想法或回忆，因为他发现，那些被放在一边的内容，在后面的阶段会在脑海中再次浮现，而且往往伴随着更多的联想。

在笔记书写的过程中，脑海里一片空白怎么办？他建议，写下“我的脑海一片空白”。写下来之后，往往会发现脑海中立刻浮现出一些东西，然后将新的内容写下来。

那么，自我分析是随时随地进行，还是像接受分析时有某些固定的时间和频率。他建议就像接受分析时需要与分析师预约好某个时间一样，进行自我分析时，也要“预约”某个特定的时间。比如，如果是一周一次的频率，那么，安排在某个不被打扰的时间，找个安静的地方，拿出纸和笔进行自由联想并记录，到点之后结束。也许有人会有疑惑，在自我分析的时间里，会不会没东西可写？他的经验是，会有大量的内容涌现，每次时间到了之后，他都不想停下来。

他在白纸上写下自由联想的内容，他强调在进行自我分析时，要尽量多准备一些白纸，以免不够用。他曾经试过用自言自语的方式，将自由联想的内容说出来并录音。最终他发现，这种方法的体验不如笔记分析好，因为说出来会带来一种“隔墙有耳”的感觉，反而导致更多的阻抗。不过，如果充分克服了这种“隔墙有耳”的恐惧，那么自言自语的录音分析与笔记分析的效果一样好，而且，自言自语的速度更快一些。有一段时间，他交替使用笔记写作和自言自语的方法，后来他只使用自言自语的方法。

他并不认为自我分析可以替代精神分析，一个合格且有经验的分析师获得结果的速度可能比自我分析的方法更快，对于那些对这种方法缺乏决心的人来说，拥有一个分析师也许是必要的。尽管如此，他相信，只要有毅力和决心，任何人都能通过自我分析得到深入的自我了解。

通过对自我分析和接受精神分析的比较，他发现了自我分析的几个优点。第一个优点是打破了他最初的抗拒，让他清楚地认识到，任何想法都不是荒谬或无关紧要的，这些看上去荒谬和不相关的思想仅仅是由于被压抑的“情结”的运作而产生的。第二个优点是出于道德的或现实的原因，有些材料羞于向分析师说出，而自我分析则没有这种担心。在接受分析的过程中，往往要花费大量的时间，克服阻力后才能将这些材料说出，而自我分析时，没有这种阻力，这大大加快了工作的进展。第三个优点是可以不受特定分析师的不良影响，比如他的第一位分析师，试图让他连续几次只分析某个特定的梦，而不管他当时意识里的想法有多混乱、多烦躁，这让他产生了强烈的抗拒，也无法呈现那些他更想讨论的内容。

自我分析所获得的结果

通过自我分析的过程，他收获很大，他回忆起很多童年的事件，重新体验到这些事件中所隐藏的诸多情感，并消除了一些症状和不适当的行为。在他撰写的书中，他列举了一些自我探索后获得的发现。

比如，通过自我分析，他发现了自己的一个“心理盲点”，这是一个很有趣的现象。在一次自我分析中，他突然产生了一种害怕的情绪，并冒出一个长而尖的牛角的形象。他记得这个牛角挂在他出生时的房子的某扇门上。他脑海中浮现出五六岁时的一些与此有关的幻想，比如被这样一个可怕的动物扔出去的幻想，或者这个动物从他身体里跑出来的幻想，并体验到一些恐惧。这些幻想在童年时期曾经长期存在过，后来就再也没想起来，直到在自我分析中重新回忆起，这已经过去了26年。

更有趣的是，当脑海中浮现出这个牛角形象之后，他问他的哥哥这个牛角现在在哪里，哥哥回答道：“你是说我们现在的房子里，挂在餐厅门口的那个牛角吗？”他说：“它现在在那里吗？它肯定不在那里了，否则我应该会看到它的。”回到家后，他非常惊讶地发现，同样的牛角就挂在那个位置上，但他已经

20多年没有注意到它了！这个牛角是迄今为止，他每天早晨下楼时，暴露在眼前最大、最显眼的物体，但他一直没有注意到它的存在。如何理解这个“心理盲点”？因为在童年时，他曾经对这个牛角非常恐惧，并产生了与此相关的恐怖幻想，于是，为了保护自己，他完全忽略了它的存在，每当看到它时，他的视线会穿过它，只看到远处的墙纸，而没有注意到它！

他获得的另一个结果是进一步发现了他的“阉割恐惧”。最初，这位来访者与很多人一样，并不相信弗洛伊德的“阉割情结”的说法，后来在接受分析的过程中，他慢慢地承认了这个情结存在，并逐渐认识到，当他在科学文献中读到任何与阉割有关的东西，比如对切断输精管进行绝育的方法的描述时，他会有轻微的昏厥。

在自我分析进行了大概180个小时后，他在这个阉割的主题上有了突破。在自我分析的过程中，他突然想起一句话，这是一句以愤怒的口气说的话：“哦，他又在做那件事了，是吗？把他交给我，我很快就会治好他的。”他记得这句话是他的一位表姐说的。然后他问自己：“她在哪里说的？”脑海里产生的回答是：“在厨房里——我当然是在那个房子里——我被一个仆人带到厨房去看她。”“为什么我被仆人带去看她？”回答道：“因为我在一楼后面的房间暴露了生殖器。”他记得仆人一看到这个，就用右手狠狠地抓住他，把他带下楼去见正在厨房干活的表姐。当知道发生了什么事时，表姐生气地说：“哦，他又在做那件事了，是吗？把他交给我，我很快就会治好他的。”表姐粗暴地抓住他的胳膊，不顾他的挣扎和阻力，把他拖到后面的房间。

之后发生了什么呢？他脑海中突然浮现出一幅画面：“在似乎是阴云密布的天空中，一把锋利明亮的剪刀正在空中快速地开闭着，在他生殖器上方的一片淡黄色的白云中，它显得格外显眼。”他记得表姐大声让仆人拿着盘子过来，在那个时候，他还没有感受到恐惧，而当仆人把褐色的盘子拿来的那一刻，他产生了强烈的恐惧和厌恶，他大声说“不要，不要！”，并不停地哭泣。他以为惩罚真的来了，生殖器会被剪下来放在盘子里。看到他那么害怕，表姐得意地说：“没必要了，他已经屈服了。”当他想起这一片段时，过程中的细节他都记得很清晰，只是因为当时他恐惧了，这个记忆被他压抑了下来。这种情况也很符合弗洛伊德在《记忆、重复和修通》一文中提到的：“当病人谈到这些被遗忘的事情时，很少不加上一句：事实上，我一直都知道，只是我从来没有想起过。”

他想起这件事情时，并没有立即伴随着想象中那种剧烈的恐惧，而主要是阴沉和悲伤。后来，当他把这件事告诉一些亲朋好友之后，恐惧和愤怒达到了制高点。在随后的几天里，他非常痛苦，他感到自己成了过去的那个无助的小男孩，预期着下一刻他的生殖器会被剪掉，他从来没有感到如此孤独和迷失。过了一段时间，他开始从这种情感的强度中恢复过来，并能够听取合理的建议，例如，这种威胁从未打算实施，仅仅是为了吓唬他和治愈他幼稚的暴露倾向。

我们知道，在创伤治疗的过程中，当能够体验到对创伤事件强烈的恐惧与愤怒，而且这些情绪能够被充分地表达时，创伤事件的影响就会逐渐减弱。这位自我分析者通过自我探索的方式，接触到创伤事件相关的回忆与情感，缓解了阉割创伤带来的负面影响。这个与阉割相关的记忆及情感的浮现及释放，让他一些轻微的症状得到了改变，比如，走路时，他总是避免踩到石板之间的缝隙，当他意识到这种行为与阉割恐惧之间的关系后，它就消失了。另外，他认识到，他持续存在的轻微的缺乏自信感，一种主观上的心理易激惹和缺乏平静所导致的失眠，以及与牙齿有关的一种特殊的心理敏感性都来源于阉割情结。

作为一位曾经接受过精神分析，随后又进行了大量自我分析，并由此解除了诸多心理症状的来访者，皮克沃斯·法罗的实践值得重视。毕竟，对于大多数来访者来说，接受系统的精神分析的时间和金钱代价是巨大的，同时，专业的精神分析师又太少，远远不能满足大众的需求。所以，通过自我分析的方法来帮助自己是值得推荐的。由于皮克沃斯·法罗在进行自我分析之前，曾经接受过两段持续约200小时的精神分析，这也提示我们，接受分析与自我分析结合起来效果会更好。正如健身锻炼要取得好的效果，除了教练认真教授之外，学员在平时生活中有意识地锻炼也很重要。对于心理成长来说，心理咨询的过程加上自我分析的继续探索，两者结合起来会更有利。

什么是表达性写作

表达性写作（expressive writing）是一种由詹姆斯·彭尼贝克在20世纪80年代后期发展起来的写作疗法，通过书写创伤经历，能够缓解创伤事件带来的情绪和生理影响。在他们的研究中，实验组被试写下过去发生的创伤事件（比如被解雇、癌症、早年的心理创伤等），表达他们对创伤最深刻的想法和感受，以及与此相关的任何困扰；对照组被试被要求只是写一些中性的话题（例如，描述某个房间或他们当天的计划），而不透露他们的情绪或想法。实验持续的时间不长，两组被试连续4天，每天书写15—20分钟。实验组的指导语如下：

在接下来的4天里，我想让你写下你一生中最痛苦的经历，或影响到你和你的生活的一个极其重要的情感问题，以及伴随的最深刻的想法和感受。在你的写作中，我想让你真正放开，去探索你内心深处的情感和想法。你可以把你的话题与你和他人的关系联系起来，包括与父母、爱人、朋友或亲戚的关系；与你的过去、现在或未来的关系；与你曾经是谁、你想成为谁或你现在是谁的关系。你可以在写作的每一天都写相同的一般问题或经历，或者每天都写不同的主题。你所写的内容都是完全保密的。不要担心拼写、语法或句子结构的问题，唯一的规则是一旦你开始写作，你就要一直写到时间到了为止。（引自《写下你的创伤——表达性书写治疗创伤后应激的循证依据》）

研究结果表明，仅仅是4天的创伤事件写作，就能显著改善身体和免疫功能的各种生化指标，包括辅助性T细胞的增加、自主活动及肌肉活动的有益变化，实验组被试在随后几个月去看病的可能性也明显低于对照组。被试的自我报告显示，实验组的情绪和主观幸福感都比对照组有明显的改善，压力反应也有明显的减轻。实验组在行为层面也有改善，包括学生成绩的提升、在失业后能更快地找到工作、酒精摄入的减少，以及更好的人际关系等。

大量研究证实了表达性写作所带来的积极改变，因此，这种方法被詹姆斯·彭尼贝克推荐作为心理咨询的一部分（参见*Expressive Writing in a Clinical Setting*）。比如，来访者在等候咨询时，花5—10分钟时间写下最有压力的议题，来访者只是写下它们，不用随后读给咨询师听。这种方式有助于来访者在随后的心理咨询中更加集中精力。另一个建议是它可作为咨询期间的一项家庭作业，鼓励来访者以自己喜欢的方式记录，既可以笔记写作，也可以画画，或者“手指写作”，写下那些带来情绪冲击的事件。

那么，为什么创伤事件的表达性写作能有这样的治疗效果呢？詹姆斯·彭尼贝克认为，创伤事件如果没有机会谈论出来，个体需要主动抑制创伤伴随的情感，就会成为一种长期存在的、低水平的压力源。这种持续的压力可能导致或加剧身心问题，从而增加疾病和其他与压力有关的紊乱的可能性。因此，正如约束与情绪强烈变化相关的思想、情感或行为需要额外的压力一样，放开并谈论这些体验便可以减少抑制的压力。这个原理与布洛伊尔、弗洛伊德所主张的宣泄理论相似。除此之外，他的研究还发现，那些从写作中受益最大的人倾向于使用更多的积极情绪词、适度的消极情绪词，并在写作的几天里增加他们对因果词以及与洞察力相关的词汇的使用，最终发展为对创伤事件连贯的叙述。因此，写作有助于将创伤事件导致的中断的叙事发展为连贯的叙事，这对于创伤的康复是至关重要的。

写作疗法可以单独进行，也可以在一个小组中进行，或者在咨询师的指导下进行，也可以通过邮件或互联网远程进行。无论是在小组中进行的写作治疗，还是在心理咨询过程中进行的写作治疗，均不主张将写作的内容与治疗师或小组成员进行分享，仅仅把它当成个人独有的部分。在操作过程中，应严格遵循保密的原则，确保写作的内容不会被别人看到。

作为一位谨慎的研究者，詹姆斯·彭尼贝克也发现了写作疗法的局限性。他说道："我看到一些人把他们的写作变成一本日记，他们一遍又一遍地用深思熟虑的方式讲述同一个故事，却没有获得洞察或改善他们的状况。"（引自*Expressive Writing in a*

Clinical Setting）因此，他并不推荐在情绪波动事件之后，马上通过写作的方式来疏解，他也不主张花费太长的时间用于写下创伤事件，否则容易导致对创伤事件的过度沉溺。他认为当个体经常被创伤事件所缠绕而无法摆脱时，才是用写作来疗愈的时机，而且3—4次写作某个创伤事件即可，不用过多反复书写。

自由联想与自我观察

综合弗洛伊德、霍尼的理论及实践，一位接受过精神分析的来访者的自我分析经历，以及表达性写作方面的实践，我们不难发现，要想更好地进行自我分析，我们需要培养两种习惯：自由联想与自我观察。自由联想可以呈现丰富的内心材料，如想法、回忆、感受、梦等，而自我观察能够充分抑制自我评价的干扰，让自由联想更自如地进行。

自由联想

自由联想，即坦率而毫无保留的自我表白的过程，是一切精神分析工作——自我分析以及专业人员操作的精神分析——的起点和持续的基础。关于自由联想的原则与要求，弗洛伊德在不同的著作中分别进行论述，为了更好地理解自由联想的要求，我们分别摘录下来。在《精神分析引论》中他明确了自由联想的要求：

我们教导患者自己先安静下来，进行自我观察，然后，向我们依次报告他能够内在觉知的一切情况（包括情感、思想、记忆等）。同时，我们警告他，不要对联想到的观念有所选择或取舍，不论是由于那些观念太“令人讨厌”或是太“无聊”而难以说出口，或者因为它们“太不重要”“太不相关”“太无意义”而不值得诉说等。我们促使他只注意其意识到的东西，不要对这些发现做任何形式的评价。并且我们要向他保证治疗的成功，特别是治疗时间的长短，都依赖于他是否遵守这个基本的分析技术规则。

在具有纲领性的精神分析文献《精神分析纲要》一书中，弗洛伊德再次提到自由联想的原则和要求：

患者不仅应该告诉我们他想说的和愿意说的，像忏悔一样得到解脱，而且他同样应该告诉我们其他一切他自我观察到的，出现在他脑海中的事情，即使这些是他讨厌说的，似乎对他是不重要的，或者实际没有什么意义的。如果患者在接受这种要求之后不再进行自我谴责，那他就将为我们提供大量的材料——思想、观念和回忆——这些材料已受到潜意识的影响，常常是潜意识的直接派生物，从而使我们能够推测患者受到压抑的潜意识材料，使我们能够通过患者以信息来扩展他的自我对其潜意识的了解。

皮克沃斯·法罗认为自我分析的关键在于保持自由联想的方式，而不是内省。当心理材料呈现时，应对其保持一种完全非批判性和非选择性的态度。如果在心理材料浮现前或者加工过程中，对其保持高度的批判性，那么，整个方法的客观性和科学性将会消失。他说道：

内省是无能为力的，在一个相对固定的条件下，它只会给一个人几乎只存在于意识表层的大量掩蔽性记忆，所有的底层材料都保持永久性的隐蔽。简单的内省也可能导致忧虑，因为一个人不会落在或隐藏于各种不同的观点的后面，或将它们分开并加以分解，而只是在同样的痛苦的主题上不断地努力和重复。通常所理解的分析……是与内省截然不同的东西，它使人能够越来越深入地进入自己的思想，并剖析和完全消散所有肤浅的令人担忧的材料。

我们可以主动来训练自由联想的习惯。每天花10分钟的时间，坐在一个安静的环境中，放弃任何对思维的控制，允许自己什么都可以想。只需怀着好奇心跟随大脑去“散步”，去觉察脑海里冒出的想法，不进行分析与判断，只是单纯地知道它们的出现。经过一段时间的自由联想练习，大脑就会变得异常活跃，并富有创造力，思维也会变得灵活。

自由联想其实并不“自由”，因为自由联想中的想法、记忆、想象等并不是随机产生的，而是有一定约束的，被不可见的力量融合在一起。通过自由联想的过程，以及对自由联想过程中阻抗的觉察，我们有机会逐渐探索到那些不曾意识到的想法和感受，发现自由联想所产生的心理材料之间的共同因素。

弗洛伊德非常强调在自由联想中，一个人必须完全抛弃批评性的选择行为，要把进入大脑的念头毫无保留地说出来，即使对于他认为不正确、没关系和无意义的观念也要如此，特别是他发现进入头脑中的念头使他自己觉得难以接受也要说出来。他主张：“如果这条要求得以贯彻实行，我们就能获得想要的材料，那就能指引我们找到被压抑的情结。”（引自《精神分析引论》）所以，为了更好地贯彻自由联想的要求，我们还要培养自我观察的习惯。

自我观察

自我分析如果立足于自我观察，那么结果更容易自然地浮现；反之，如果经常进行自我评价与自我批评，容易阻碍内心探索的进行。在心理咨询过程中，考验心理咨询师能力的一个重要指标是：心理咨询师能否不着急地做出判断和分析，而容忍不确定性的存在，以便心理材料进一步的呈现；同样，考验自我分析深度的一个重要指标是：一个人自我观察习惯是否充分建立。

为了更好地理解自我观察，我们首先需要区分一下“自我关注”和“自我观察”。自我关注往往伴随着强烈的情绪，容易陷入自我批评与指责中，很多时候令人痛苦；而自我观察则能增加对自己的认识，很多时候可以带来轻松和自在。自我观察与自我关注虽然都有对自我（身体、想法、情绪）的注意，但其性质有很大的差异，主要表现在：

自我关注是一种强迫性的注意，而自我观察是一种温和的注意。

自我关注聚焦于结果，渴望好的结果，害怕坏的结果；而自我观察无论好坏都予以同等的注意，并不刻意选择好的结果或回避坏的结果。

自我关注忽略过程，直奔结果；自我观察则注意过程，活在当下。

自我关注充满着评价、好坏、对错、判断等，伴随着强烈的情绪（兴奋、担心、沮丧等）；自我观察时，平等、接纳、非评价等心理品质更多，能够避免强烈情绪的卷入，体验到更多的愉悦和平静。

自我关注背后有一种强烈的匮乏性的欲望（自恋的、性的、攻击的），自我观察则被一种成长性的需要所驱使，能节制欲望的牵绊。

自我观察相当于将自己作为研究对象，培养一种以第三方视角观察自己的能力，类似在科学研究中，将客观事物作为研究对象。弗洛伊德要求咨询师在做咨询时，不把自己的注意力专门集中在某个方向上，而是平静地、专注地、非评判性地倾听和观察所有材料，这是一种“均匀悬浮的注意”。咨询师要充分屏蔽个人的偏好和期望，把每次咨询都当作新的开始，不带有记忆和期待，暂时搁置先前的看法、感受和情绪。这有利于充分保持中立的态度，不受咨询师个人好恶的影响，能够获得更准确的理解，也能表达一种更接纳的态度。在自我分析中，我们同样要将“均匀悬浮的注意”作为一种要求，以观察的态度面对自己。

那么，如何培养这种能力呢？除了在日常生活中及时察觉评价性想法的产生之外，我们还可以结合一些正念练习的方法，更充分地培养与想法、情绪分离的习惯，提升自我观察的能力。

方法一：正念观呼吸

通过把注意力聚焦于某个点上，在“专注—离开—再次专注—再次离开”这种反复的过程中，不断地培养专注力与觉察力，并体验宁静、愉悦、专注的内心状态，是正念观呼吸的目标。这种练习对于增强对自身心理成分（想法、感受、回忆等）的认识也是很有帮助的。

可以用两种姿势进行观呼吸练习。一是半坐在椅子上，保持后背的挺直，后背不要靠在椅背上。之所以采取这种姿势，主要是让身体处于一种警觉的状态，因为观呼吸是一种专注的练习，并非单纯的休息。二是盘腿而坐，可以有三种盘腿的方式，双盘、单盘或散盘，练习者可根据自己的身体特点，选择适合自己的盘腿方式。在盘腿而坐时，保持后背挺直，双肩放松，这个姿势同样是为了保持精神的专注。

指导语：

你以一种正襟危坐的方式坐好……坐下来之后，注意身体的感觉，略微调整一下，找到一个舒服的姿势。即使在坐的过程中身体有不适，也不要轻易变动，只需觉察这些不舒服的感觉。保持固定的姿势，有助于将纷繁复杂的心慢慢地沉淀下来。

请闭上眼睛，放下刚才的事情，放下等会儿要做的事情，慢慢地关注你的呼吸……感受呼吸时腹部、胸部的起伏……试着做几个深呼吸，去感受一下气息流经鼻腔，接触上嘴唇的感觉，找到一个最明显的气息接触点。然后回到自然的呼吸，用微微意志的努力，将注意力聚焦于这个气息接触点。

如果找不到气息接触点，可聚集于呼吸时腹部或者身体起伏的感觉上。

在吸气结束与呼气开始前会有一个短暂的停顿，注意这个短暂的停顿与呼气的开始；同样地，在呼气结束吸气开始前，也有一个短暂的停顿，注意这个短暂的停顿与吸气的开始。刚开始可能不太习惯，慢慢就能清晰地觉察到这个停顿，对停顿的觉察让你更清楚地感知整个呼吸的过程。

让自己专注于呼吸，把注意力放在某个气息的接触点，或者呼吸时腹部的起伏上。去感受整个呼吸的过程。呼吸长就长，短就短，只需要知道你在呼吸。

……

用微微意志的努力，让自己专注于呼吸。

也许，专注于呼吸没多久，你的心就会跑开，你会想起等会儿要做的事情，回忆起刚刚发生的事情，或者出现一些想法，一幅画面，产生一些情绪……然后在某一刻，你意识到你没有关注呼吸，这是一个觉察的时刻。此时，你试着放下这些念头，慢慢地将注意力拉回到呼吸上，用微微意志的努力继续关注呼吸。

当你发现分心的力量太强大，你很难把它放下时，那么，你不妨暂时把分心作为关注的对象。你对分心的内容做个归纳，比如“与工作有关的想法”“与性有关的想法”“对未来的担忧”；评估一下分心的时间，是几秒、十几秒，或者几分钟；评估一下分心的强度，如果从1—10评分，10分最强，那么，大概可以打几分？

对分心做出这些处理，有助于放下分心的内容，与它们保持距离。请注意，正念观呼吸时，呼吸始终是你主要的关注目标。

好，继续关注你的呼吸，把注意力放在气息的接触点，或者呼吸时腹部起伏的感觉上……

初学者可以用数息法让自己更好地专注于呼吸。吸气时数一，感受呼吸的过程；再一次吸气时数二，感受呼吸的过程……一直数到十，然后重复这个循环……

在观呼吸时，不用刻意增强呼吸，只需保持自然的呼吸，呼吸长就长，短就短。如果你不由自主地刻意呼吸，那么，你只需觉察这种呼吸方式，慢慢地调整到自然的呼吸方式。

在观呼吸的过程中，你可能会有呼吸不畅的感觉，留意这种感觉即可，觉察到呼吸不畅时所产生的想法、情绪，慢慢地回到呼吸上。

正念观呼吸是在训练一种定力和觉察力。定力的增强，有助于觉察力的提升，两者进入一种正循环。因此，正念观呼吸是一种基础的练习，最好每天都练习。一次良好的观呼吸练习，可以带给你轻松愉快的心情，使你精力恢复，活力增强。当然，专注于呼吸并不简单，你很容易被念头带走，但不要气馁，要持续而精进地回到你的呼吸，从中不断体验自己的进步。

方法二：正念观念头

正念观念头与正念观呼吸的区别在于，正念观呼吸以呼吸时的身体感觉，如气息接触鼻腔的感觉，呼吸时胸部、腹部起伏的感觉作为专注的目标，当念头出现时放下念头回到目标。正念观念头的目标是念头本身，对念头的观察、评估，观察念头的发生、变化、消失的过程。这个练习更容易对自己的想法、感受产生觉察，这是正念练习中比较难操作的内容，需要一定的正念观呼吸的基础。

指导语：

以正襟危坐的方式坐好，尽量保持后背的挺直。先关注一下自己的呼吸，感受一下身体，慢慢让自己安静下来。

把注意力放在你的呼吸上，感受呼吸时身体的起伏变化，关注呼吸大概1分钟的时间。

然后，以呼吸作为背景，等待念头的浮现并进行观察。意识到出现某个想法、回忆、事件的时刻就是觉察的时刻。

如果念头是轻微的，你只需注意到它的出现和消散。如果念头是强烈的，长期占据着你的脑海，那么，你可以对它进行归类。在内容上进行归类，如“与工作有关的回忆”“愤怒导致的联想”“对他人的评价”“对未来的担忧”；在念头占据的程度上进行评估，如果10分代表最强烈，1分代表最轻微，那么，它可以打几分？如果有情绪，对情绪进行命名，是愤怒，还是担心，或者紧张……归类的过程有助于缓解想法的强迫性，让念头慢慢消散。

继续觉察新念头的出现，占据中央，再消散，觉察在消散过程中内心的抵抗……

你并不需要对每个念头进行评估，你只需要对那些强烈的、明显的念头进行评估，评估的目的是和它们建立距离感，放下它们。

如果没有念头，你就觉察没有念头的状态……

正念观念头并非让你压制念头的产生，也无须刻意寻找念头，只是让你带着好奇的、尊重的、接纳的态度，觉察脑海中持续不断出现的念头。通过观念头，你越来越能发现念头的出现、持续，以及它的消散。念头正如呼吸一样，有开始、持续、结束的过程，不断地对过程进行觉察。你也能感觉到念头的强迫性，让你难以放下它。

在平常生活中，你也可以进行正念观念头的练习。你会发现，大脑中的念头就像河流一样，川流不息，一直发生着变化。念头产生，占据大脑的中心，强迫性地追逐它，然后消散，一个接一个……我们对念头的内容、变化保持着觉察。有些念头能被你觉察，就像那些河水中激起的浪花，有些念头并不能被你觉察，你只是知道这些情况的存在。

自我分析的设置

在心理咨询中，设置指的是对于约定的咨询时间、频率、费用、方式方法、目标，以及其他与咨询相关内容的规定和遵循。通常来说，稳定的设置对咨询的进展是有益的。那么，在自我分析中，设置大概包括什么内容，以及是否需要遵循稳定的设置，我们从材料、时间和频率、方法、目标等方面来展开。

自我分析的材料

可以用来自我分析的材料主要包括：梦、幻想、感受和记忆，以及与此相关的各种想法、情感、冲突、愿望与进一步的回忆等。在自我分析的过程中，这些心理材料都有可能浮现，我们只需保持觉察和记录，直到有价值的主题或情感性领悟的出现。

梦：每天醒来时，你不妨先留意一下，刚才有没有做梦。不用马上等着答案的浮现，可能过一会儿，你会清晰或模糊地回忆起某个梦的片段，以及更丰富的梦的材料。当你起床时，不妨留出一些时间，将它记录下来。如果时间充裕，就马上进行自由联想式的释梦；如果时间紧张，可以留在晚上，或者其他空闲时间进行分析。具体梦的分析方法，梦分析所要掌握的知识，我们会在第二章中详细介绍，在这里仅举一个简单的例子。

梦者与另一个人来到了一艘游船上，这艘船比较特殊，又像是一艘考察船，这艘船下面有一根长长的管子（像观光电梯一样），人可以潜入其中。梦者被允许向下潜，潜到水底之后，梦者看到船舱外有一些人，大都是他高中和大学时的同学，他看到其中有一个是以前经常一起玩的大学同学。对方在向他招手示意。他想走出舱外游泳，感到有些冷，不过很想去试试，于是就出去了。

当梦者对梦中的人物（那个大学同学）做自由联想时便能发现梦的意义。在自由联想时，他大脑中浮现了以前和该同学一起去看电影、喝酒、K歌、跳舞的经历，那是一段游戏人生的日子，与朋友在一起玩耍的时光带给他很多快乐。梦者还回忆起幼时一起玩的几个小伙伴的身影，以及那些在一起的游戏时光，那时他同样是非常快活的。梦者现在已经成家立业，是一家公司的高级经理，他把大多数的精力用在工作和家庭上，生活可谓安逸，但缺少了过去的快乐和激情，除了公司里的同事，他身边的朋友越来越少了。通过这个梦的分析，梦者领悟到他内心一直存在着渴望与朋友们在一起玩乐的愿望，以及潜藏的对当前性关系的不满。

幻想：幻想也是一种了解自己的方式，从幻想中往往可以发现一个人未被满足的愿望。比如有的男人看到女人就会不由自主地联想到性，并展开丰富的想象。在想象中，他们把女性作为占有或施虐的对象，得到一种在现实的性关系中无法得到的满足，这往往表明现实生活中缺少情投意合的性伴侣，或者以性来作为征服异性的方式，以及潜藏的对异性强烈的渴望、敌意和恐惧。有的幻想以影响力为主，比如幻想自己谈吐流利，思维敏捷，每一句都是金玉良言，深得周围人的赞赏，这往往提示现实生活中自恋满足的严重缺失。有的幻想以攻击欲望为主，碾压别人，把别人打趴下，各种折磨，这些报复性的幻想往往与被伤害的经历有关。对于这些幻想的记录和分析，并借助精神分析的概念，往往可以了解自己内心未被满足的愿望。

感受：利用生活中产生感受的情景，特别是那些相对比较强烈的感受，比如嫉妒、愤怒、尴尬、恐惧等，对感受进行自由联想，往往会有进一步的发现。在人产生的感受中，有些是普遍的感受，比如看到蛇时，一般人都会有些害怕，这些感受并不具有自我分析的价值。但另一些感受则带有个体特征，这往往提示有过去的情结或冲突在起作用。比如，即使面对善意的批评，有些人的反应也很强烈，之所以如此，是因为这个情景勾起了他们对过去自尊损伤经历的回忆。因此，对这些感受进行自由联想，往往能够浮现过去一些类似的情景，从中可以发现共同的主题，并体验到一些被压抑的情感。下面是一个心理咨询师报告的例子。

公司里有四辆班车，我发现我坐的那辆班车是最旧的，对此我很不满，经常会对同车的同事抱怨这一点，但我发现同事并不在意。有一天我对这种不满进行了分析，我闲置了大脑，注意此时在我脑海里浮现的东西。短暂的空白之后，脑海里逐渐地浮现出父亲和妹妹的身影，我想起爸爸偏心妹妹的几个情景，在我回忆这些情景时，当时的委屈和失落的感觉又重新浮现出来。后来我还想到有段时间我经常和同事聊起高房价的事情，并对高房价深表愤怒。突然我意识到这一切都有一个不公平的主题，我之所以对我所乘坐的班车产生不满，是因为我觉得受到了不公平的对待（班车是其中最旧的），这种不满由于受到过去经历（父亲偏爱妹妹）的作用，导致了强烈的愤怒情绪和报复情绪。

人习惯以一种情感去掩饰另一种情感，比如以愤怒去掩饰羞耻，以欣赏去掩饰嫉妒，以大笑来掩饰背后的愤怒和悲伤，所以当你发现自身某种过度的情感时，不妨停下来做些联想与分析。比如，一个人向朋友介绍大学同学的故事（同学因为一个工作事故被处分了），他对这个处分特别不满，激动地批判工作中存在的潜规则，为同学受到不公平的对待而感到愤怒和惋惜。也许在外人看来，他对同学的感情很深，而且他很有正义感。后来他注意到，在说这件事的过程中自己很兴奋，甚至有些得意，他不免觉得有些奇怪。对这种不一致的反思让他突然意识到兴奋背后的情感。其实他对同学受到处分是有点开心的，因为同学在事业发展上已经远胜于他，他一直很嫉妒对方的成功，同学的失败总算让他扬眉吐气了一回。当发现这一点时，他重新面对自身的嫉妒，并进一步探索嫉妒背后的材料，同时，这种发现也让他明白了自身习惯运用的防御方式。

记忆：还有一种认识自己的方法是去探索与分析那些早期的记忆，即那些发生在2—5岁的事件。大部分幼时的事件均被遗忘了，那么那些能够被想起来的事件往往有特殊的意义。比如心理学家阿德勒曾在其《自卑与超越》一书中记录了一个人最早的记忆：“我3岁时，爸爸给我们买了一对小马。他牵着马缰，把马牵到了屋外。比我大3岁的姐姐牵过一条缰绳，得意扬扬地牵着马走在街上。我的小马紧跟着那匹马。它走得太快了，我追不上。我摔倒了，小马却拖着我在地上跑。”阿德勒推测，这段记忆反映了这个女孩总是被姐姐击败，因此她想要超过姐姐的生活态度；也许现实生活中，她只有在领先状态下才是安全的，超越别人成为她的核心愿望，驱使着她奋斗。

后续四章会详细介绍这四种心理材料的特点，以及通过它们进行自我分析的方法。

自由联想的呈现方式

自由联想是自我分析的主要方法。在接受分析时，分析师要求来访者把自由联想的内容说出来，而在自我分析时，我们要怎样呈现这些自由联想的材料呢？比较常用的方法是将自由联想的内容写下来，可以写在纸上，在电脑上的文字编辑软件中录入，也可以仅仅在大脑中展开联想，尽量放下批评性要求的干扰。一般来说，写下来比仅仅在大脑中联想更好。也可以将自由联想的内容说出来，并进行录音，就像对着另一个人说话一样。皮克沃斯·法罗就从最初的笔记分析转到了之后的录音口述分析。霍妮主张将自由联想的内容书写下来，在不方便的情况下，也可以在大脑中进行自由联想。

说与写的过程会把某一思绪固定下来，能够有一个锚点，然后可以进行更多的讨论与联想。而单纯在大脑中联想的时候，容易让某一思绪飘走。另外，说与写都是一种表达，从思想到语言的表达，想只是一种思想的产生。同时，说与写的过程还有一种重新整理的作用。所以，应以说与写的方式进行自由联想，在条件不允许时，也可以在大脑中进行自由联想。

自我分析的频率和时间

在常规的心理咨询中，咨询的频率一般为每周1—3次，每次50分钟或1小时，经典精神分析会要求每周分析的次数达到4—5次。来访者有规律地参加咨询是必要的，这就像服药一样，保持一定的剂量有利于保障疗效。这种频率和连续性上的要求，还可以克服在心理咨询过程中常见的阻抗现象，即来访者因为各种原因，排斥进一步探索自己，不愿意面对咨询过程中的困难，采取取消、迟到、忘记、中止等方式来表现。

自我分析时，是否也有接受心理咨询过程中同样的频率和时间的要求？在弗洛伊德开展的自我分析中，似乎并没有固定的频率或时间的设置，而是每天都会对他自己的梦进行分析，具体花费的时间根据梦的内容而定。霍妮虽然主张明确的频率和时间的规定，但她也明白，要求在自我分析中遵循接受分析时的严格的频率和时间的规定并不现实，同时她强调，自我分析的关键在于自觉性，如果仅仅成为一种责任，有违精神分析的内涵。她说："自我分析不应是强迫我们一直得到好成绩的校长，而应当是自己的好朋友，可以给予自己帮助。"（引自《自我分析》）因此，她并不赞同强行安排固定的频率和时间，而是主张在需要的时候，在时间合适时进行自我分析。不过，自我分析的连续性是她所强调的，即不要相隔太长时间。

来访者皮克沃斯·法罗所实施的自我分析中，他要求固定的频率和时间，与接受分析一样，到点开始，到点结束。他提醒，最好是在晚上安静的时候，并且最好在不受干扰的时候进行分析。他要求竭尽所能地坚持这些时间，并完全保留这些时间，就好像一个人在接受精神分析时，在每次分析中与分析师待在一起一样。

因此，在自我分析中，关于频率和时间的要求并不像在接受分析时那么严格。既可以像皮克沃斯·法罗那样在固定的时间进行自我分析，也可以像弗洛伊德那样利用梦展开自由联想，或者仅仅针对某些感受、幻想或回忆，在需要时展开自由联想。每个人可以尝试不同的方式，找到适合自己的自我分析的频率和时间。

自我分析的目标

对自己认识的增加，能够带来痛苦的缓解、症状的解除，以及人格的成长。系统的心理咨询能够实现上述目标，自我分析也同样如此。

一、痛苦的缓解

心理咨询起效的原因之一，就是有了一个讨论和理解痛苦的环境，哪怕导致痛苦的原因并未得到消除，对于痛苦的这种态度本身就能缓解痛苦。自我分析就是直面内心痛苦的过程，不是选择遗忘、压抑、否认，而是选择理解与面对，这是自我分析中非常珍贵的部分。对痛苦的理解能给予它一定安放的空间，对痛苦的排斥则让它无处安放。能够被安放的痛苦不再那么可怕，它会有一个自然的降解过程；不能被安放的痛苦则会到处弥散，直至内心被它吞没。

二、症状的解除

自我分析对于症状的解除也是有作用的。霍妮在《自我分析》中记录的例子，以及皮克沃斯·法罗通过自我分析改善了诸多心理症状，都让我们看到了这一点。因此，当你被一些症状，比如头痛、恐高、失眠、当众发言紧张等困扰时，均可以自由联想的方式，去探索那些被压抑的心理成分。

三、人格的成长

安全感的提升、自尊的稳定、情绪的稳定、沟通表达习惯的建立，这些都是人格成长的内容。通过不断地探索自我，认识到成长过程中所遭受的心理伤害，以及它们带来的在关系、自尊、安全感上的不良影响，从而逐渐修复心理创伤，减少它们的不利影响，逐渐让内心变得整合与完善。这样的目标既可以在心理咨询中得以实现，也可以在自我分析中达到，来访者皮克沃斯·法罗，以及霍妮及其同事们的实践为我们提供了范本。

在霍妮看来，一个人只要被给予机会，就会发展出潜能，而后发展其“真我的活力”，包括情感的明晰度和深度，思想、愿望与兴趣，开发自己才智、意志力的能力，开发自己才能、天赋和表达自我的能力，以及借自发的情感与他人沟通，等等。

自我分析就是一个不断面对真我的过程，那些因为各种原因被压抑的情感、想法、愿望等，均有机会得以浮现和理解，并带来人格的成长和发展。

自我分析的注意事项

作为一项投入了时间与精力的活动，我们都期望自我分析能够带给自己真正的收获。为了更好地从自我分析中获益，除了遵循上述自我分析的设置之外，我们还需要注意如下事项。

一、不要以推测代替自由联想

无论是接受分析，还是自我分析，以推测代替联想是初学者经常会犯的错误，比如，“这意味着什么……”“这是不是说明……”，这些推测会导致过早地下一些武断的结论，陷入认知性的解读之中，中止了进一步的回忆、情感和想法的浮现。正确的态度是避免轻易下结论，甚至不需要结论，而是呈现内心的材料，直到有意义的主题浮现。

关于这个原则，霍妮曾有一个很好的比喻：“如果你想认识纽约，你不会只从帝国大厦上观察它。你会到东区去，你会流连于中央公园，你会乘船绕曼哈顿一周，你会在第五大道上坐一趟公共汽车，还有很多很多。”在自我分析时，切忌针对某个症状或者梦境强求理解，强行解释其意义，这只会使他陷入一种智力上的自我满足，而达不到疗愈的作用。霍妮给出了忠告：“试图在对自己的人格结构的任何东西都了解不多的情

况下，查明决定他的困境的潜意识因素，这绝不是一个好的态度。”（引自《自我分析》）

我们来举一个例子。一个来访者报告了一个梦，这是他很早时做过的梦，他一直印象深刻。在梦中，他的爸爸正在倒车，他则躺在地上，车子从他的肚子上碾过，他并没有痛的感觉，只是略微有些害怕，还有一种微微的高兴。

当这个梦呈现之后，如果我们就梦表面的内容马上得出一些猜测，比如，这个梦代表爸爸对儿子的伤害，或者儿子对父亲的渴望，这虽然有一定的道理，但忽略了内心体验的深入。正确的做法是邀请来访者谈谈与爸爸的关系，对车子的联想，为什么会躺在地上，以及为什么这个时候谈到这个梦，等等。在谈的过程中，来访者表达了对爸爸一直以来的失望，还回忆起很多次爸爸让他伤心的经历，当说到这些经历时，他能体验到一些愤怒、悲伤的情绪。而就在上次咨询时，来访者因为对咨询师的失望而体验到强烈的不满，在这次咨询时，他不自觉地提到了这个梦。

通过这些讨论，这个梦的深层意义就浮现出来了。从梦的表面来看，爸爸碾压了儿子，这象征性地表达了幼时爸爸对儿子的无情与打压，如果将爸爸与儿子换个位置[①]，即儿子碾压爸爸，那么，这个梦呈现了儿子潜在的对爸爸的敌意，儿子想要

---

① 上下、左右的颠倒是梦经常会使用的伪装机制，这部分在第二章中会有更多的论述。

杀了这个爸爸。来访者之所以在这次咨询中谈到这个梦，反映了他压抑的对咨询师的不满，在那段时间，他一直觉得咨询师不够关心他，咨询师的某些回应让他生气和失望。这些情感是他在与父亲的关系中经常会体验到的。所以，来访者这时和咨询师谈到这个梦，潜在地把咨询师当成了他的具有压迫性的爸爸，或者咨询师不够关心的言行激活了幼时在与爸爸相处中经常会有的体验。因此，不是单纯的推测，而是鼓励来访者的联想与回忆，才会浮现更重要的主题。

弗洛伊德为什么不太主张通过象征来解梦，而认为自由联想有着更重要的地位，原因就在于此。仅凭象征来解梦既可能是错误的，也可能会阻碍探索的深入，而自由联想则有利于情感和回忆的浮现。因此，自由联想并非一定要有结论，你只是把这种联想当成一种练习，当成浮现内心材料的手段。有时，可能会有一些让你意外的情感浮现；有时，会有某个合适的主题被你觉察；也有可能什么都没有。你无须沮丧，保持自由联想即可。只有忘掉结果才会有好的结果，心理咨询如此，自我分析也是如此。

二、足够坦诚

无论是接受精神分析，还是进行自我分析，坦诚是非常重要的态度。在接受分析的过程中，越是能够对分析师坦诚地表露自己，来访者的获益越大。在自我分析中，我们也需要对己坦诚，勇敢地面对分析过程中体验到的诸多负面情感，敏锐地觉察自我防御机制的运转，直达那些被压抑的内容。

在皮克沃斯·法罗的例子中，当他通过自我分析回忆起导致阉割创伤的幼时事件时，经历了阴沉与悲伤，以及随后出现的强烈的愤怒。当与亲朋好友分享这个事件之后，他又体验到孤独与恐惧，直到这些情绪缓解。没有足够的坦诚与面对痛苦的心态，他可能会很快地略过这件事情，而无法从中收获很多。霍妮要求，在自我分析中，应实事求是地面对自己的问题，辨认出迄今为止仍然是潜意识的种种因素，以便洞察它们。这不仅仅是智力的过程，也是一种感情的经历。洞察既可以带来宽慰，也可能会带来愤怒、沮丧和绝望，令人非常痛苦，这是个人成长难免会经历的部分。

三、保持连续性

在自我分析中，照样存在着在接受分析时的阻抗情况。由于害怕面对内心的痛苦，害怕放弃神经症症状所带来的原发的或次级的获益（比如因为症状的存在，可以避免与他人建立深厚的情感关系，避免一些社会任务），因此，当改变真正来临时，人难免会有抗拒的态度。在自我分析中，抗拒的表现也是十分多样的。比如，因为工作忙或事情多，实在抽不出时间，一个人连续好几周没有进行梦的记录与分析，没有进行自由联想；或者，经常忘记在设定的时间进行自我分析。这些都可能是一种阻抗，是避免面对一些让他痛苦的内容的反应。

在接受分析的过程中，由于与分析师的约定以及费用等原因，来访者可能会在不情愿的情况下仍然前往进行咨询，并和咨询师讨论不想前来的原因。这样就有机会对阻抗的因素进行讨论与理解。在自我分析中，由于没有这种外在的压力，阻抗往往会在不知不觉中出现。因此，应及时对它进行觉察与讨论。可以通过自我监测的方法来对自我分析的活动进行记录，包括日期、开始时间、结束时间、地点，并在图表上标示出来，以此不断地监督自己。当发现自己没有进行自我分析时，要及时觉察，以自由联想的方式对其进行讨论与分析。

四、尽量写下来或说出来

对于一个令你困惑的事件，如果单纯地在脑海里想着，你容易陷入与事件背后的情绪的斗争中，也许你会潜在地排斥对这个事件进行深入的探讨。而当你决定把它写下来或说出来，那么，这意味着你突破了一种阻抗，你愿意正视它们，你能够阅读你的思想。很多时候，一开始写或说（比如你开始记录刚做的梦），你便打开了自己，呈现事件背后被压抑的情感，并有进一步的联想。写或说是情感表露的方式，单纯的想（除非允许自由联想）容易陷入情绪的压抑之中。

在心理咨询中，咨询师一般会鼓励来访者尽量把想说的都说出来，甚至越是不敢说的，越要说出来。背后的原因是，这些越是不敢说的事情，越是有一些被压抑的情感和回忆，而表达的过程就是一种释放情感、修复创伤的过程。早在《癔症研究》一书中，弗洛伊德与布洛伊尔就发现说出创伤事件及其伴随的情感，会有助于癔症症状的缓解。彭尼贝克教授及其合作者的研究发现了书写创伤经历的价值，并明确了基本写作范例，要求创伤受害者每天花费15—20分钟，每周3—5天，写下与创伤有关的想法和感受。

另外，将自我分析的结果写下来时，还会有一个想象的读者，这个读者会起到皮克沃斯·法罗所主张的“精神牵引”的作用，成为一个自我分析的见证者。弗洛伊德将自我分析的结果通过写信的方式让弗利斯阅读，这激发了弗洛伊德自我探索的欲望。在自我分析中，虽然没有真实的读者（如果你有一个愿意和你讨论内心的朋友当然更好了），但这个想象的“弗利斯”也能产生“他者”效应。

第二章

梦

梦是认识自己的捷径

如果我告诉你，有一个非常好的认识自己的途径，那便是你做的梦，也许你会觉得惊讶。很多人只是偶尔会留意一下梦，或者把某些奇怪的梦作为谈资，却不太有兴趣去深入地理解梦。其实，梦中潜藏着未解决的内心冲突、未被满足的愿望，梦还能让你回忆起幼时的生活事件，并能给予未来的生活一定的启示。所以，当你错失了这个认识自己的途径时，会不会觉得可惜？

梦有意义吗？有些科学家认为梦是睡眠时神经系统杂乱无章地放电导致的主观现象，并无意义可言。但还有一些研究者认为梦是有意义的，它既可能是愿望的满足，也可能补偿现实生活中的缺失，或者以象征的方式表达了某些无法言说的心理成分，甚至具有预测作用。总之，梦并非全无章法，而是有意义的心理现象。弗洛伊德早在19世纪90年代就开始记录他自己的梦，正是在结合心理治疗临床实践和自己梦的分析中，弗洛伊德找到了一条通往潜意识的康庄大道。弗洛伊德曾自信地说："如果有人问我怎样才能成为精神分析学家，我就会回答：'去研究自己的梦。'"（引自《精神分析纲要》）

我梦到自己在爬山，山很陡，我正在半山腰，爬得很辛苦。我看到下面是万丈深渊，如果一松手，肯定会摔得粉身碎骨。我只好很痛苦地继续往上爬，但有一种随时会掉下去的恐惧。

这个噩梦一直伴随着小王很多年，当他压力很大时就会出现这样的梦境，在梦中，他能体验到快撑不住的恐惧。通过梦的分析发现，小王时常有一种自尊受损的恐惧，梦中那种怕摔下去的担心，其实以意象的方式呈现了他对自尊崩溃的忧虑，他担心自己有一天会在别人心中“一落千丈”。他其貌不扬，谈吐一般，但工作业绩优异，因此颇得周围人的赞赏。但在内心深处，他却经常害怕有一天会失去这样的地位，暴露出他在实现目标的过程中的无助与焦虑。梦通过意象呈现了他的压力状态，如果继续分析下来，也许还能发现与性有关的心理冲突。

弗洛伊德开启了科学释梦的新路。在经典著作《梦的解析》中，弗洛伊德分析了他和他的患者的很多梦，并提出了颇受争议的观点：梦是愿望的伪装满足。这个观点初看起来令人难以相信，毕竟很多梦让我们感到焦虑，如果梦是愿望的满足，那应该是快乐的才对。弗洛伊德提醒人们，他所指出的梦是愿望满足的观点“并非基于对梦所显示的内容，而是基于利用梦的解释工作去揭示隐在梦后的思想”。弗洛伊德一直强调，对梦的理解不能只从梦内容（显梦）出发，而应深入梦念（隐梦）。这个判断让我们发现了梦的价值：通过显梦去发现那些对人有重大影响却又难以被意识到的心理成分。所谓的释梦，其实就是通过显梦去呈现隐梦的内容（想法、回忆、事件、情感等），在这个过程中有可能会发现某个主题，或者认识到某些被忽略的情感和愿望，最终完成从潜意识到意识的过程。

弗洛伊德区分了两种心理过程，一是“初级思维过程”，二是“次级思维过程”，前者是潜意识心理的特点，后者是意识心理的特点。初级思维过程的特点是：不同的意象可以融合在一起（凝缩机制），相互替代或用暗喻来替代（移置机制），或将思想转化成意象（从抽象变得具体），用象征的方式来指代；对于空间、时间的忽略；遵循快乐原则，寻求本能的随时满足。次级思维过程则受到现实原则的制约，按逻辑与规则行事，用思维和语言来表达，心理能量被充分地约束起来（延迟满足）。弗洛伊德认为，在适应外界现实的过程中，个体逐渐从初级思维过程发展到次级思维过程。梦似乎让人退行到初级思维过程，发挥了对梦念的稽查作用。因此，如果不了解初级思维的特点，便容易被显梦的表象所掩盖，而理解了初级思维的特点，则更容易对梦形成正确的解释。

对梦的理解需要遵循一定的规则，我们首先需要理解梦是怎样形成的，梦的工作方式是怎样的，然后我们要了解怎样正确地记录梦，怎样对梦进行正确的自我分析。当你学会如何围绕梦进行工作时，你便能利用梦去探索过去，体验情感，发现未意识化的心理成分，慢慢接近梦的真实意义。此时，梦成了你认识自己的绝好材料，能引领你的成长。

弗洛伊德的梦学说

弗洛伊德在1900年出版了《梦的解析》一书，这本书在最初的几年反响寥寥，第一次印刷了600本，花了8年的时间才卖完。除了影响力微弱之外，他还受到了一些专家的批评。一位有名望的教授当众说："你们知道……这个城市里有一位同行利用这个简单的事实，构建了一番理论，这样他就可以赚得盆满钵满了。"（参见《弗洛伊德传》）但"是金子总会发光的"，该书在出版10年后逐渐受到大众、学界的重视，弗洛伊德的名声也越来越大，他的学说被更多的人认同和喜欢。弗洛伊德的后继者，包括当代的很多学者和心理学爱好者，都从这本读起来有点晦涩难懂的书中得到了启发。弗洛伊德的释梦方法为内心探索提供了一种可靠的途径，我们来介绍一下该书中与释梦有关的主要观点，以便为梦的分析打好理论基础。

显梦与隐梦

出现在梦境中的，梦者能够报告出来的内容便是显梦。梦者报告完毕后，如果对梦境中的成分进行联想，往往能够浮现出做梦前一天或几天发生的事件、所思所想，甚至包括更久之前的回忆和想法。所有这些联想与回忆，弗洛伊德称之为隐梦或梦念（dream-thought）。所以释梦时不能只从显梦出发做出理解，更重要的是探索由显梦联想到的隐梦内容，并从显梦和隐梦出发，揭示梦所包含的意义（压抑的心理冲突和愿望等）。

弗洛伊德以原文与译文的关系形容隐梦与显梦的关系。隐梦像是原文，而显梦像是译文，不过梦的翻译的过程（也是梦的工作）却与一般的翻译不一样："它不是逐字逐句的翻译，也不是有规则可循的选择作用，更不是一种常用某一成分来代表其他若干种成分的代表性选择。它是一种与这些十分不同且更为复杂的东西。"（引自《精神分析引论》）为了更好地理解梦，我们需要知晓显梦与隐梦之间的关系。

弗洛伊德主要总结出隐梦转化为显梦的四种方式：以部分代替全体、隐喻、意象、象征。所以，梦是一种神秘的语言，需要释梦者去识别这种语言的特征，从而正确地"翻译"梦。

隐梦的内容之所以不能全部出现在显梦之中，而要通过这些晦涩的方式来呈现，是因为人的精神系统存在一种稽查机制，这种机制只允许某些心理成分出现在意识中，而不允许另一些心理成分的出现。另一个原因是在睡梦状态下，人的心理状况发生一种回归作用，比如思维方式从抽象向感性形象的转换，无法呈现逻辑关系（比如前后关系、因果关系等），导致做梦时出现的心理现象明显不同于清醒时的情况。

"一个女士报告说，她小时候经常梦到上帝头上戴着一顶纸三角帽。”(引自《精神分析引论》)对这个梦的联想发现，她小时候经常在吃饭时戴这样的帽子，因为她总忍不住想偷看兄弟姐妹盘子里的食物是否比她的多。小时候她经常听说，上帝是无所不知的。因此，这个梦表达的意思是：尽管他们试图阻止我，但我还是知道一切并看到了一切。我们也能从中推测出梦者寻求优越的愿望，她对上帝有了一种认同，希望自己能够像上帝那样全知全能，知道别人在做什么。我们发现，显梦中出现的“上帝”“三角帽”只是隐梦中的部分内容，显梦通过意象的方式，选取了隐梦中的部分内容组成了一幅画面。只要稍微对这些意象进行联想，便能发现梦所隐含的意义。

一个人梦到在某次咨询中快要迟到了，她很着急地想联系咨询师但联系不上，心里很无助。梦中她试图编辑短信，但组织不好语言，好不容易编辑好了又发不出去。这个梦的片段隐喻了她与咨询师之间的关系。在她的感觉里，咨询师在情感上并不可靠（联系不上），也许出于这个原因，她对于表露自己对咨询师的负面情感很谨慎和矛盾（反复编辑短信，短信发不出去）。梦中的迟到隐喻了对咨询师的负面情感（表达了一种不合作），但她害怕让咨询师看到这一点，因此试图掩饰（反复编辑短信）。我们可以从这个梦中看到，梦经常会使用隐喻的表达方式。

一位父亲在儿子快逝世的时候日夜守在病榻旁，儿子死后，他到隔壁房间躺下休息，但把门开着，以便能看到儿子被蜡烛环绕的尸体。他还雇了一位老人来看护尸体并低声祷告。睡了几小时后，这位父亲做了一个梦，梦见儿子站在他的床边，抓住他的胳膊低声责备：“爸爸，难道你没看见我在燃烧吗？”他惊醒过来，发现隔壁房间传来耀眼的火光，赶过去一看，发现那位守候的老人在看护时睡着了，心爱儿子的裹尸布和一只手臂被倒下的一根蜡烛点燃了。（参见《梦的解析》）这个梦呈现了一种神秘的特点，就像死去的儿子托梦给了父亲。不过，弗洛伊德认为此梦并不难理解：一定是经过大门传来的火焰亮光照着他的眼睛使他得到上述的结论。梦并非仅仅呈现这个判断，还用儿子抓住父亲的胳膊并告诉他自己正在被燃烧这个情境来呈现。因此，一个思想在梦中被意象化了，被表现为一个情境，释梦者需要了解这种意象化的语言，从意象中把握背后的想法。

那么，是不是显梦无关紧要，只有通过自由联想获得的隐梦内容才更重要呢？不是的，显梦本身也很有价值，心理学家荣格更注重显梦的重要性。荣格认为，梦是一种自然而然的心理现象，梦总是在尽力表达其意义，只是它们所表达的意义不被我们的意识认识和理解。荣格相信显梦表达的正是潜意识想要表达的内容，有时对显梦元素过多的自由联想反而会干扰对梦的意义的识别，而聚焦于显梦本身反而更容易理解梦。为了更好地理解梦，关键在于掌握象征的知识，更注重对显梦的主观体验。

一个男子梦到自己躲在镜子后面，尽量不让一个女孩看到，梦中的女孩对镜子微笑着。对于这个梦，我们无须过多地自由联想，只需从显梦本身出发就能获得一些理解。如果说镜子象征着人的自我关注，那么这个梦反映了梦者对于被关注的矛盾态度：一方面渴望被关注（梦中对镜子微笑的女孩），另一方面害怕被关注（躲在镜子后面）。除此之外，这个梦还揭示了梦者对于表达需要的矛盾态度，在现实生活中，梦者总把对别人的喜欢藏在心里，不敢直接地表达（他躲在镜子后面关注着女孩）。

一个中年男子梦到他在参加一个聚会，那里有他的妻子和高中同学，大家要离开了，而他在整理物品，物品很多，整理不完。他的妻子在很远的地方叫他，催促他快点过去。无须进行自由联想，我们可以在显梦中发现，整理不完的物品也许代表了他处理不好的心理压力，而他的妻子在远处催促他，隐喻了两人的关系：妻子并不能在情感上关心他，体谅他，而只是一味地向他提要求。

我们再来看另一个梦。梦者梦到和他的朋友以及其他人一起游玩，他问朋友："你新买的房子在哪里？我想去看看。"朋友指了指远处。于是，梦者独自沿着台阶往上走，路很难走，到了最上端，需要攀扶着树枝才能爬上去。好不容易爬了上去，发现房子是那种供人观赏的景区的木头房子，里面的结构不像平常住的房子，还有灰尘在空气中飘浮着，墙壁由朱红色油漆的木头块组成，其中一些用的是浅灰色的木头块，显得不太协调。梦者独自在房间里，他的朋友和另一些人一起在远处。

如果把房子象征为梦者的自我，而"朋友的房子"变成"我的房子"，那么这个梦的意义便明了了：我是被人忽略的，而朋友总被人关注（朋友和一些人在一起，而我是一个人）；我是有缺陷的（不成形的房子，不协调的墙壁），所以我不想让别人靠近我（很难走的台阶），我显得高高在上并成了孤独的人。这个梦呈现了梦者的低自尊以及逃避关系的防御态度。这个梦也可以让我们看到梦的工作，里面有象征（房子象征自我）、移置（我的房子变成朋友的房子）、隐喻（难走的路代表难以接近），因此，我们只有了解梦的工作，理解梦的语言，才能更好地理解梦。

显梦与隐梦都有价值，在实际的梦的分析中，通过掌握梦的语言来理解显梦，或者通过自由联想揭露隐梦的内容，这两者可以结合起来，以便更好地理解梦的意义。

梦中的愿望

梦是愿望的伪装满足，这个观点中有两个内涵：梦中有未满足的愿望，以及愿望的满足需要伪装。未满足的愿望推动了梦的形成，提供了梦的动力。弗洛伊德以资本家与企业家的关系来比喻愿望与梦的关系，他说："在任何企业里，必定有一位资本家支付费用和一位企业家出谋划策加以贯彻。在梦的构建中，资本家时常充当潜意识愿望，它为梦的构建提供心理能量。企业家则是白天的日间余念，它决定这种费用如何使用。"（参见《精神分析引论》）

有些梦伪装的色彩并不明显。弗洛伊德曾讲过一个年轻医生的梦，他住在医院附近的一个公寓里，他要求女房东每天早晨一定要叫醒他，以免上班迟到。一天早晨，他睡得很甜，这时女房东叫他起床："佩比，快醒醒，该去医院了。"这时他正在做梦，他发现自己住了院，病床上还挂着一个牌子，上面写着："佩比，医科学生，22岁。"这时他顺口答道："我已经住进医院了，还用上医院？"说着又翻身睡了过去。（参见《梦的解析》）这个梦满足了他想继续睡觉的愿望（如果继续展开，也许还能发现其他愿望）。

儿童的梦也少有伪装。同样在《梦的解析》中记载了一个儿童的梦，这个孩子在白天与父母参加了某场婚礼，看到宴席上那么多好吃的东西很眼馋，但被父母训斥要懂礼貌，不能随便拿别人的东西。晚上，这个孩子便梦见自己躺在大白兔奶糖做成的大床上，想吃多少糖就吃多少糖。这个梦清晰地表达了儿童白天未满足的愿望。

我们之所以能容易地从这些梦中发现背后的愿望，是因为这些愿望不是不道德的，它们不太需要伪装。但人的有些愿望则没有那么幸运，它们的满足要通过道德的或现实的重重关卡。我们可以举一个极端一点的例子：因为一个事件你很憎恨某个人，恨不得把对方杀了，但无论道德或现实都不允许你这样做，于是这个愿望只好被压抑，甚至你还不自觉地对他特别友好。再举一个温和一点的例子：你喜欢上朋友的女友，如果向对方示爱，意味着你会失去多年的朋友，同时，这会让你背上"背信弃义"的骂名，于是，你把这种愿望放在了心底。

人类的“邪恶”欲望其实并不少见，弗洛伊德在《精神分析引论》中写道：“对快乐的需求——我们称之为力比多——任意地选取自己的对象，甚至是受到禁止的对象：不仅是他人的妻子，而且首先是乱伦的对象，即人类共同视为神圣不可侵犯的对象，比如某男子的母亲和姐妹、某女子的父亲和兄弟。我们以为远离人类本质的欲望也足以在梦中表现出来。憎恨无限制地泛滥。复仇的愿望和指向活着的至亲至爱的人的杀人欲望，以及指向梦者的父亲母亲、兄弟姐妹、丈夫或妻子，他自己的孩子的杀人欲望也屡见不鲜。”因此，在弗洛伊德看来，人类存在诸多不被道德或现实所允许的“邪恶”的愿望。

那些未被满足的“邪恶”的愿望，构成了心理或生理上的一种张力，这便成为梦的动力来源。由于道德或现实的约束，当未被满足的愿望呈现在意识里时，人会觉得焦虑，于是，人类的聪明再一次体现出来，那便是无所不在的伪装。在初级思维过程的作用下，梦的伪装更有艺术的、晦涩的特点，这为我们理解梦设置了种种障碍。所以我们要懂得梦的语言，以便形成对梦的理解。

我们来看看弗洛伊德一位女患者的梦：“一位女士虽然还年轻，却已婚多年。她听说一位几乎和她同龄的熟人艾丽斯·L刚订婚，于是做了下面这个梦：她和丈夫在剧院看戏。剧院前排另一边座位全空着。丈夫告诉她，艾丽斯本也想和未婚夫同来，但只能买到不好的座号——3张票1弗洛林50克鲁斯——于是当然没买。她想，如果他们买了其实也无妨。”（引自《梦的解析》）

如果从这个梦的表面内容来看，看不出太多的信息，似乎只是梦者日常琐事的呈现。为了理解这个梦，弗洛伊德邀请梦者谈一谈做梦前的事情。梦者前两天确实与丈夫一起去剧院看戏，她当时担心会买不到票，所以提前几天把票买好了，后来看戏时发现前面的位子都还空着，因此根本用不着着急地提前买票，丈夫还因此奚落她。

弗洛伊德继续邀请梦者谈一谈出现在梦中的艾丽斯。艾丽斯是她幼时以来的好友，与她年龄相仿，刚刚准备结婚，而梦者自己已经结婚很多年了。梦中的1弗洛林50克鲁斯的来源为何呢？实际上，它源于前几天一件无关紧要的事。她的丈夫赠送150弗洛林给她的小姨，而对方很快用它们买了珠宝。值得注意的是，150弗洛林是1弗洛林50克鲁斯的100倍（这同样是梦的伪装机制之一）。

在对梦的谈论中，浮现出与梦有关的其他材料，在隐梦中有好几个与“着急”有关的情景，谈梦的过程中也了解到年轻女子与丈夫的关系，该女子与丈夫的关系比较疏远。

好了，梦境以及与梦有关的生活细节就这么多了，你看懂这个梦了吗？这个梦在表达什么？梦中的愿望又是什么呢？

材料充足之后，聪明的弗洛伊德一下子发现了梦者潜在的心理冲突：“这么早地结婚实在荒谬，我根本不必如此着急。从艾丽斯·L的情况看，我最终会得到一个丈夫的。的确，如果我耐心等待的话。”（与小姑子的性急构成反差）“我应该能找到一个比现在好100倍的丈夫。”（一件珠宝）“这样的丈夫，凭我的钱（或嫁妆）可以购得3个。”（引自《梦的解析》）艾丽斯的婚姻激起了梦者潜在的对婚姻的不满意，并以梦的方式补偿了缺憾：“现在我可以去剧院看任何曾经被禁止的东西，而你不能！我已经结婚了，而你必须等待！”（那个年代，只有已婚者才可以去剧院自由地看戏。）梦者以过去的胜利取代了她新近的失败。

所以这个梦表达了太早结婚的遗憾，以及对丈夫的不满和贬低的情感，梦中潜藏的愿望与性有关，满足了青春期窥探成人世界的愿望（去剧场看戏），并以这个愿望平衡了内在对婚姻的不满。这个意义的浮现让梦者感到焦虑和自责，难怪她的心理防御系统会自动掩饰这个愿望，并呈现与丈夫去剧院看戏这个似乎是平常生活的情节。

正因为愿望与道德或现实之间的冲突，我们才能理解为什么很多梦是痛苦的：由于道德或现实的约束，有些愿望的浮现并不能带来快乐，而是让人焦虑或产生罪恶感。很多让人不快乐的梦，比如惩罚梦、焦虑梦，当深入梦中的思想后，仍然能发现潜意识的愿望，而梦中的焦虑是“自我在否认强大的被压抑愿望时的一种反应。如果梦的形成是因为过于关注被压抑愿望的满足，那么焦虑梦的发生就很容易解释了”（引自《精神分析五讲》），“梦永远是冲突的产物，是一种调和的结构。正是由于这个原因，满足潜意识本我的东西可以引起自我的焦虑”（引自《精神分析纲要》）。

一般来说，推动做梦的愿望很难从梦中直观地看出，很多梦往往要通过对梦元素的自由联想，才可以逐渐地浮现出更多的内容（隐梦），并在了解梦的工作机制之后达到对梦的理解。越是那些无法被道德所接受的梦，越会层层伪装，所以，掌握梦的工作机制是理解梦的金钥匙。

梦的工作

由隐梦到显梦的制作过程就是梦的工作。梦的工作的目的是逃开心理上的稽查机制以表达压抑的欲望。梦工作的方式主要有四种：凝缩、移置、象征、润饰。此处主要阐述对分析梦有重要作用的前三种机制。识别和掌握梦的工作机制，对于我们更好地理解梦是很有帮助的。

一、凝缩机制

凝缩机制首先通过省略来实现，与隐梦相比，显梦简短、贫乏、语言精练，它是隐梦不完整的、支离破碎的复制。弗洛伊德说道："如果把梦写出来，可能只有半页，但要将其潜隐的梦念分析写出来，则可能要写六倍、八倍甚至十几倍这样的篇幅。"（引自《精神分析引论》）通过这种省略的方式，进入梦境的往往是那些看上去无关紧要的内容，不过，这些成分与被稽查机制反抗而无法入梦的内容之间有着千丝万缕的联系，这为理解梦的意义提供了可能。

显梦元素与隐梦内容是"多重决定"的关系，即一个显梦元素与好几种隐梦内容相对应，一种隐梦内容也能在好几个显梦元素中呈现。在“植物学专著”的梦中（具体梦的讨论详见“弗洛伊德，自我分析的开创者”一节），由植物学专著联想到弗洛伊德与朋友柯尼斯坦的对话，他与加特纳教授夫妻的相遇，对可卡因发现的贡献却未被承认的愤怒，以及童年时的撕书经历等；同样地，隐梦中童年时撕书的经历，与显梦中的“植物学专著”和“彩色插图”均有所联系。

关于隐梦与显梦元素的关系，弗洛伊德做了一个恰当的比喻：“梦是由一大群受操纵过程控制的梦念构成的，在这一过程中，那些得到最大多数支持而且最有力量的元素才有权进入梦的内容，就如联名投票一样。”所以，显梦元素的背后隐藏了大量隐梦内容，而这是凝缩机制的第一种方式。

凝缩机制的第二种方式是在一个显梦形象后面隐藏好几个形象，对梦的解释有意义的是隐藏在后面的形象。弗洛伊德曾经详细地分析过一个名为“伊尔玛打针”的梦（具体梦境详见本章第五部分内容），从中不难发现这种凝缩机制。在该梦中，弗洛伊德在窗边给伊尔玛做检查的样子却来自另一位女士，他很希望这位女士能成为他的病人，不过对方并没有来找他看病。梦中伊尔玛看上去患有白喉性黏膜病，以致引起弗洛伊德对大女儿健康的忧虑，于是她又代表了弗洛伊德的大女儿（弗洛伊德的大女儿曾经身患白喉而有生命危险）。而弗洛伊德一个因中毒而死去的病人与他的大女儿同名，所以这个因病去世的人也同样潜藏在伊尔玛的形象后面。之后，伊尔玛不愿意张开的嘴，又让他联想到曾为之检查的另一位女士，而且通过她，又暗指了弗洛伊德的妻子。弗洛伊德总结说，在梦中伊尔玛之后出现的人物中，没有一个以自己的形象呈现，她们都躲在伊尔玛的身后。当对梦进行自由联想时，这些人物一个个地冒了出来。伊尔玛背后的这些人物并不是平白无故出现的，她们都伴随着弗洛伊德对她们的期望、拒绝、愤怒、自责等情感，这些情感在伊尔玛身上同样有所呈现。

有趣的是，通过对梦的自由联想，弗洛伊德发现，在该梦中，他为了维护自己的价值（作为伊尔玛的心理医生却不能治愈她，由此承担了周围人的怀疑），不惜嫁祸于人（把治疗责任归为奥托，并认为伊尔玛的病是性满足不够或器质性疾病导致的，对此，他当然无能为力了），并以各种方式去贬低那些质疑他的人。我们也不难发现，梦具有自我中心的、幼稚的特点，但从梦的表面来看，完全看不到这个意义，对梦中人物自由联想后才获得了这种认识。

凝缩机制的第三种方式是形成一种“集合形象”，它是把两三个甚至更多的形象合为一个意象，而不像第二种方式那样将其他形象隐藏在显梦形象的后面。比如在“伊尔玛打针”的梦中那个脸色苍白、跛行的M医生，他的言谈举止像M医生本人，但体貌和走路特征却像弗洛伊德的大哥。M医生与弗洛伊德大哥共同的特征是苍白的脸色，这个特征在显梦中被明显地呈现出来，两人之间另一个共有的特征是都曾否定弗洛伊德，不过并未在梦中呈现。弗洛伊德认为：“当两个人的共同元素出现在梦中时，通常是暗示我们去寻找另一个隐藏起来的共同元素，这种共同元素因稽查作用的结果而不能表现出来……复合人物在梦中总伴随着一个无关紧要的共同元素，从这一事实我们可以推断出，梦念中必定还隐藏着另一个远非不相关的共同元素。”（引自《梦的解析》）

一个人梦到一个女子，她的容貌很模糊，但身材比较清晰，他意识到这种身材是他的女友，以及他以前一个女同学共同的特征（两人的容貌差别很大）。他对此展开联想之后发现了两人完全对立的部分：女友被她的老师所认可，赋予重任，而女同学则被老师所忽略。在这个梦中，相似的身材集合成梦中的女子形象，真正重要的共同元素是与认可有关的两种相反状况。因此，梦中的女子呈现出梦者自身的主题：他像那个女同学那样容易被人忽略，他嫉妒像女友那样被权威重视的人。通过将两者集合为这个形象，梦表达了一种内心冲突。

弗洛伊德以高尔顿绘制家族肖像的方法来说明这种集合形象形成的过程，即把两个形象投射到一块底板上，这样两者的共同特征很突出，而那些互不一致的地方则彼此抵消，在画面上变得模糊不清了。对于梦中出现的集合形象，重要的是去探索被隐藏在该形象背后的共同元素。

除了人物可以形成集合形象，物体或地点也可以形成集合形象。比如，某人梦见一间房子，它既像浴室，又像厕所，还有些像更衣室，实际上这所房子所指的是“脱衣服的房子”，利用这个凝缩，梦者说出了一句难以直接表达的话“脱衣服”。在“植物学专著”一梦中，植物学专著的背后可以联想出另外三本书：弗洛伊德白天看到的论樱草科植物的书，以前发表的关于可卡因的著作，以及前几天看到的纪念文集。这三者集合在一起，呈现出弗洛伊德对于书籍出版既渴望又担心的态度。

凝缩机制并非梦的专属，在一些流传久远的文化形象中同样存在凝缩机制的作用，比如半人半马的怪兽，埃及的狮身人面像，中国文化中的龙（兽头、蛇身、鱼鳞）、麒麟（龙头、马身、鱼鳞）、凤凰（鸡头、燕颔、蛇颈、龟背、鱼尾）等。在口误、笑话中也会有凝缩机制的作用。（参见《刻意回避：日常生活的心理分析》）我国学者霍大同在《无意识思维的两种形式——梦与汉字的比较研究》一文中也指出，汉字的构成也有凝缩机制。凝缩是一种初级思维，在精神病人身上经常能发现这种心理机制。比如，一个女生好心地把一些实验材料给了一个男同学，并对他说："这个留给你吧。"这个正处于精神病发作期的男生兴奋地说："你是想把你的初夜留给我吗？"他天真地认为这句话背后凝缩了其他内容。

凝缩机制意味着当我们在记录梦的时候，不能局限于显梦内容的分析与判断，而是要讨论梦，对梦元素进行自由联想。自由联想后获得隐梦内容才能更好地揭示梦的意义。

二、移置机制

为了逃避稽查机制的检查，梦还使用了一种移置的手法，即"在梦中突出而明显并构成其主要内容的东西，实际上在隐梦中只起到极其次要的附属作用；而我们觉得最为突出的梦念，则完全可能不以观念材料形式在显梦中出现，或者只在显梦的某个模糊的边缘区域出现”（引自《论梦》）。

在“1.5弗洛林买3个坏座位”的梦中，重要的内容是艾丽斯的结婚勾起了梦者对自己婚姻的不满意，而在显梦中只是呈现出看似琐碎的买票早晚的事件，梦通过移置的方式隐藏了重点。在“植物学专著”的梦中，显梦中的重要内容以“植物学专著”为中心，而隐梦中重要的内容则是关于可卡因发现的贡献未被承认导致的不满，以及对即将出版的《梦的解析》一书的矛盾态度。在“植物学专著”梦中出现的“彩色插图”似乎是无关紧要的内容，与它相关的弗洛伊德5岁时撕书的记忆，以及书籍的出版则是重要的生活事件，不过后者没有在显梦中呈现。弗洛伊德打了个有趣的比喻：移置就像一个害羞的人，他先和有钱人东拉西扯地说很多话，然后好像顺口提起一样，捎带说起借钱的事，一个不敏感的人也许根本没意识到说话者的本意。

这是弗洛伊德一位女病人的梦，我们不难发现，由于移置作用，显梦的内容似乎只是一些生活琐事。

她梦见她正和她的厨子一起去市场，厨子挎着篮子。她问了几句话之后，卖肉的说：“那个再也买不到了。”并递给她另一样东西，说：“这也挺好的。”但她拒绝了，又来到一位女菜贩面前，女菜贩想让她买一种特别的菜，那菜捆成了捆儿，颜色发黑，她说：“我不认识它，不想买。”（引自《梦的解析》）

但对梦进行讨论后就发现事实并非如此。做梦的前一天，这位女子与厨子发生了争吵，因为厨子对她有某种性的挑逗（厨子故意在她面前把裤子拉链拉开了）。她当时生气地说："我不认识它。你的行为要检点些！"出现在梦里的话只有前半部分"我不认识它"，后半部分的话却没有在梦中出现。梦的工作就把重点从"你的行为要检点些"移置到"我不认识它"，而如果我们知道了后面这句话，梦的意义就豁然开朗了，它呈现出一个与性有关的心理冲突。

在前述梦中出现的复合形象中，相似的特征在梦中得到了清晰的呈现，而与此有关的另一个共同元素则被隐藏，这同样是一种移置机制，将次要内容置于显要的位置，而重要的内容则没有呈现。比如在"伊尔玛打针"的梦中，M医生与弗洛伊德大哥共同的特征是苍白的脸色，这个特征在显梦中被明显地呈现出来；另一个共同的特征是两人都曾经否定弗洛伊德，但这一特征并没有在显梦中表达。这也提示我们，在释梦时我们需要在显梦的复合形象下探索其他共同的成分，这往往是被隐藏的重点内容。

移置机制的第二种方式是，对于一个隐梦成分，不是由自己的一部分替代，而是由看似无关的其他事物，通过暗喻的方式来替代。这种暗喻不同于清醒状态下使用的暗喻（比如在笑话中），清醒状态下的暗喻一般是容易理解的，而在梦中使用的暗喻则不易理解，如果把它们复原，给人留下的印象是牵强附会的，或者像一个蹩脚的笑话。

一个人梦的片段是："他家里的好几个成员围坐在一个形状

特殊的桌子周围。”（引自《精神分析引论》）由显梦中的桌子，他联想到他曾在拜访的一个特殊家庭里见过这种家具。然后，他继续联想到这个家庭中父亲与儿子之间一种特殊的关系，不久之后他又说他自己与父亲也有同样的关系。所以梦中出现的桌子便指代这种特殊关系。一个男子梦到将一位女士从床后面拉出。（参见《精神分析引论》）这个片段表达的意义是：他偏爱这位女士。因为在德语中，拉出（hervorziehen）和偏爱（vorziehen）在构词上有共同的成分，梦便以这种方式暗喻了两人之间的关系。我们不得不承认，这种暗喻确实有些牵强。

在症状形成的过程中，移置机制也是很常见的。在小汉斯的案例中（详见第三章），小汉斯出现了对马的恐惧症，他害怕马会咬他，撞倒他。后来通过分析发现，小汉斯真正恐惧的并不是马，而是他的父亲，他害怕因为自己的性幻想被父亲惩罚（生殖器的阉割）。通过移置的方式，这种深层的恐惧转变成对马的恐惧。

弗洛伊德说：“梦绝不会关心那些我们在白天认为不值得关心的事，而在白天不会对我们产生影响的琐碎之事也不可能进入梦。”也许是因为移置机制的作用，很多人会觉得梦的内容没什么意义，便缺少了继续探索的兴趣。其实，有时候仅仅是简单地对这些看似琐碎元素的自由联想，便能浮现有价值的内容。移置机制也意味着，释梦时我们需要有灵活性，梦中人物之间，上下、里外之间可以相互替代转换。有时，一有了移置的视角，看起来矛盾的或者无法理解的梦，就马上能被发现重要的意义。

三、梦中的象征

弗洛伊德在研究梦的过程中发现，有些梦元素梦者并无自由联想，或者联想的内容无关紧要，而如果从象征的角度则有利于梦的理解，于是弗洛伊德把象征列为除了凝缩和移置之外的另一种梦工作机制。象征是人类通用的一种语言形式，这种语言形式可能早于符号系统（文字或言语）的产生，是人类原始的交流方式。正如手势、表情、身体姿势等在不同文化的人群中能够得到一定程度的交流，象征也是如此，它能跨越文化的障碍。象征在梦和症状形成中均有重要的作用。

有些心理成分如果直接表达，会引起梦者的焦虑或厌恶，通过象征的方式，梦元素所代表的心理成分能逃过梦的稽查机制。什么样的内容会引起人们的焦虑呢？通常是两个方面，一个是性，另一个是攻击，特别是当这两种驱力指向道德或现实所禁止的人（比如父母、领导、长辈等）时。梦中关于性与攻击的象征是比较常见的，其他的主题包括分离、死亡、出生、惩罚等。

弗洛伊德认为，长形的直立之物，比如手杖、伞、竹竿、树干、领带等可以象征男性生殖器，小刀、匕首、矛以及各种火器如枪炮、手枪等也能象征男性生殖器。有时男子的生殖器还可以由能流出水的东西代替，如水龙头、水壶或泉水等。有时是可以拉长的东西，如吊灯、可伸缩的铅笔。（参见《精神分析引论》）女孩在焦虑的梦中，往往会梦到被拿着刀或枪的男人追杀，这些梦境中的刀与枪可能反映了女孩对男性生殖器的恐惧。有时，由于男性生殖器能勃起的特征，那些违反引力定律的物体，如气球、飞机、飞船、火箭等也可以象征男性生殖器。

《精神分析引论》中记录了一个女孩的梦："我正从房屋的大厅里走过，头撞到了挂得很低的灯架上，以致流出血来。"梦者对这个梦进行的自由联想指向一个十分不同的方面，因为最近她头发掉得厉害，做梦前一天她的母亲还对她说："孩子，如果再这样下去，你的头就会秃得像屁股。"可见，这里头代表身体的另一端。而灯架象征了男性生殖器，因此，这个梦表达了与阳具相接触而产生的身体下部的出血。女孩进一步的联想涉及月经来潮产生于与男子的性交的信念，这是少女的一种性理论。

有时在梦中出现的小孩也可以代表男性生殖器。一个女子梦到曾经还有一个小男孩，但她一直忘了他，在梦中意识到了他的存在，并感到很欣慰。这个梦中的小男孩象征了男性的生殖器，她离婚已久，许久没有性生活，该梦表达了她对男性生殖器的渴望。

女性生殖器可以由具有容纳性的物体或空间来象征（参见《精神分析引论》）。比如坑、洞穴、罐和瓶，以及各种大箱和盒子、柜子、保险箱、口袋、鞋等，轮船也属于此类。一些象征与子宫的关系要比与女性生殖器的关系更为紧密，如碗柜、火炉、房间。门和窗户则是阴户的象征。房间还可以象征一个人的身体。某人梦到一个房子，房子的墙壁是由朱红色油漆的木料组成的，但其中有一些部分用了浅灰色油漆的木料，那些不协调的浅灰色木料是他身体上疤痕的象征性表达。

一个女孩的梦中经常会出现门或窗，以及门或窗想关又关不上的情景，这个情景象征了她对生殖器完整性的焦虑，或者与性有关的伤害体验。一些材料是妇女的象征，如木头、纸张以及它们制成的东西如桌子和书等。在各种建筑中，教堂、小礼堂、商场也是妇女的象征。一个女孩经常梦到在机场、商场或超市里有各种各样的传送带，梦中的建筑物象征了她的母亲，冰冷的传送带则象征她与母亲之间既有支持但又缺乏温情的关系（那些只注重孩子学习或身体照顾，但缺乏情感温暖的父母可能会带给孩子类似的感觉）。

可象征性行为的意象包括跳舞、骑马、攀登，以及遭受暴力的深刻体验，如受到践踏、某些武器的威胁等。一位年轻女性做了这样的梦："一个男子想骑一匹性情剽悍的马，但是没有如愿。失败了三次，到第四次终于骑上了马鞍出发了。"这个梦隐晦地表达了她对性行为的渴望与矛盾。一个男子梦到与一个喜欢的女子在欢快地跳舞，该梦以象征的方式满足了与女子结合的愿望。前面提到的小王辛苦爬山又怕掉落的梦，这个梦除了可以从自尊崩溃的角度去理解，也可以从性冲突的角度去理解。一直以来，他害怕早泄，因为这会让女友失望，也会让自己很失望。每次性行为，他虽然渴望，但又充满着压力。辛苦地爬山象征了性行为带给他的压力与焦虑，随时会掉下去则象征了无法控制的早泄所带来的自尊崩溃。

一个人梦见一湖碧水，没有一片树叶或杂草在上面，清澈无比。他高兴地下湖游泳，却发现有另一个人也要下湖，他心里很不愉快。这个梦以象征的方式表达了梦者恋爱关系中的矛盾心理。下湖游泳代表鱼水之欢，是两性亲密的象征表达，而另一个下湖的人，则是他想象中的竞争对手。这个梦如果回溯到梦者的幼年时期，还能呈现出经典的俄狄浦斯冲突：另一个要下湖的人，代表了那个和母亲睡在一起的父亲，是父亲阻碍了男孩与母亲的亲密关系。

梦中出现离别或旅行的场景，往往与死亡或分离焦虑有关。当孩子问起关于死者的情况时，大人为了隐瞒，往往会告诉小孩那人去旅行了，比如“到了很远很远的地方”，或者“回家了”。有些家长为了隐瞒孩子亲人离开（比如离婚）的消息，会告诉孩子亲人长期在外出差或出国了。一个女孩梦见一个很老的人在山坡上走着，突然消失了。梦中那个很老的人突然消失了，暗喻了幼时奶奶的突然离世。这个梦她曾经反复做到，预示了奶奶突然去世对她产生的情感冲击并未缓解。一个女子曾经经常梦到“妈妈走在前面，我走在后面，然后来到一个小胡同，我跟着她，母亲一下子坐在车上，而我不在车上，母亲要坐车走了，我开始哇哇地大哭”。这个梦以象征的方式呈现了一个以自我为中心的母亲，以及梦者潜在的被抛弃的恐惧。

梦中很老或很旧的东西，往往象征着梦者童年的创伤性经历。比如一位年轻女子梦到“在一幢很老的房子里，窗户与阳台均是最原始的，还是用插销的房子。我总担心插销会插不牢，反复地开与关，不断地试”。这个梦中很老的房子，是梦者幼时居住的地方，当时她的房间与父母的房间只隔了一道墙，有时她能听到父母做爱的声音，这唤起了她强烈的嫉妒与孤独的心理。梦中担心插销会插不牢，反映了她对性的害怕，以及幼时父母做爱带给她的无助和害怕。她一直存在对性行为紧张害怕的心理。

在梦中出现战争或战斗的场景，往往代表内心的冲突或过去创伤体验的重复。比如一个人梦到“两军对战，一支军队冲进了她所在的房子”，梦者曾经在幼时多次被表哥性骚扰，这个梦以象征的方式呈现了这种创伤体验，梦中的房子象征着她的身体，它曾被表哥粗暴地闯入。一个女子经常梦到被人追杀，追杀她的有时是鬼，有时是可怕的动物，讨论后发现，这个梦反映了梦者与父亲之间长期存在的又爱又恨的情感，那个追逐她的鬼或动物，是对她压迫又纠缠的父亲的象征。

梦中被鬼、陌生人、凶猛的动物追杀，有时也象征着内心一直压抑的愿望，或者未解决的心理冲突。一个女子在一次出轨后，经常梦到被一个黑衣人追杀。这个黑衣人代表了她的超我，虽然她在意识里并不为这次出轨经历而自责，但在睡梦中经常梦到类似的情景，这提示了她存在未意识化的内疚感。

在梦中出现的鬼也可能是愤怒或恐惧情绪的象征。一个女人梦见她的婆婆站在她旁边，她看到婆婆慢慢地变成了鬼。这个梦反映了她对婆婆的憎恨之情。一个30多岁的女人梦到“一条脱毛的丑陋老狗在院子里徘徊。她拿起棍子边追边打，狗惨叫着跑开。但当狗逃离篱笆门时回头望了她一眼。可怕的是，狗的头变成了婆婆的脸，像鬼一样，吓得她突然从梦中惊醒”。梦中的老狗变成了婆婆的脸，我们能从中发现她对婆婆的厌恶。

梦中的小动物或害虫可以代表小孩，如梦者不受欢迎的弟弟妹妹。某人的梦境：“我看到一群蚂蚁沿着墙壁正在爬上来，搞得我没有心思考试，一心想着它们会不会爬到我袖口里或身体里。我不时地往下看，看到一些蚂蚁在爬上来，左边还有一竖排虫卵，像花生米一样排成一排，上面还有斑斑点点。我感觉很恶心，我用力地踹了那虫卵一脚，把上面几个踹掉了。”梦中的蚂蚁以及令人恶心的虫卵，象征着被他排斥的弟弟妹妹，类似的厌恶情感一直在他与弟弟妹妹的相处过程中被体验到。

弗洛姆把象征定义为“代表他物的某物”（引自《被遗忘的语言》），通过多年的文化传承，某些事物具有相对固定的意义，比如蛇的形状与男性生殖器类似，可以象征男性生殖器，而毒蛇可象征有伤害的性，或者对男性的恐惧。当然，事物所象征的意义并不是单一的，具体的意义需要根据梦境的情况来确定。因此，要成为一个好的释梦者，需要对事物的象征意义有更多的了解。当一个梦呈报出来之后，有经验的释梦者可以敏锐地发现一些梦元素的象征含义，并快速推测出梦的意义。不过，在此之前，最好先进行自由联想，自由联想所得到的材料比仅凭象征来推断更加可靠。理解了梦元素的象征意义，结合梦者对梦元素自由联想的材料，为我们更好地理解梦的意义提供了快捷的途径。

梦工作的其他特点

除了上述三种常见的梦工作机制之外，在《梦的解析》一书中，弗洛伊德提出梦工作的其他一些特点，这些特点对于我们理解梦很有帮助，主要包括梦中的自我、梦的颠倒以及梦的情感。

一、梦中的自我

弗洛伊德认为，梦是完全自我主义的，梦毫无例外地都与梦者自己有关，“我这个自我隐藏了起来，是通过同一作用隐在了其他人的背后”(引自《梦的解析》)。“令人惊奇的是，梦者的自我会在梦境中出现两次甚至更多，一次是作为自己，另一次则是隐藏在其他人物后面。”(引自《论释梦的理论与实践》)也就是说，梦中出现的人物并不是偶然的，往往和梦者自身有共同的特征，或者表达了梦者想要隐藏的心理成分。有时候，一些与梦者半生不熟的人物进入了梦中，梦者会觉得奇怪，因为与对方并没有特殊的交集，这些人往往代表了梦者性格的某个方面。

一个中年女子梦见“我的一位朋友很生气地指责某件事情不公平，并替我打抱不平，而我则很平静”。在这个梦中有两个人物，梦者自身和她的朋友，她们之间有什么联系吗？联想后发现，现实中的梦者对这件事情同样是生气的，事实上，类似的事情她一直感到很愤怒和委屈。不过，在梦中她却将这种愤怒移置到了她的朋友身上，而自己却很平静。继续联想后发现，这位朋友的性格与梦者有一种类似之处：容易生气，自尊敏感。最初，梦者对于这位朋友进入梦中感到不可思议，因为两人之间的关系并不亲近，直到分析后才发现两人之间的相似性。在梦中，她把那些不想要的特征移置到朋友身上，我们不难发现这个梦所表达的愿望：她希望自己不要像朋友那样过度在意某些事情，而是能够淡定一些。

一个男子有一次梦到在操场遇到了一个年轻女子，这个女子性格比较随和，很好说话，梦者与她在一起愉快地聊天，并准备带她和同学们一起去吃饭，女子很愿意同行。那么，这个性格随和的女子与梦者之间有什么共同之处吗？梦醒后梦者对她有些排斥，梦里虽然她长相不错，开朗大方，但太随便了些。对这位年轻女子的联想让他想起了曾经有过一面之交，长得漂亮却在两性关系上比较随便的一位年轻女子。梦中的情景是大学毕业前的一段日子，当时的他喜欢随便开玩笑，但不太会保护自己，有时会丢失一些原则。所以，梦中的女子和他的共同之处就在于这种性格特点：没有原则，过于顺从。这个梦也反映了他对这种性格的矛盾情感，一方面曾经因为顺从和随便而受到同学们的喜欢，另一方面这种受欢迎又是以牺牲自我为代价的。

有时候，梦中出现的人物往往有梦者渴望的人格特质。一个人梦到“一个女子和一个像浪子一样的男人关系很好，女子很爱这个男子，但这个男子频频犯事要坐牢，之前都是别人帮忙把他保释出来的。这次他又一次犯事，要坐牢了，他给我发短信，希望我能救他”。梦中出现的浪子一样的男人，让梦者联想到曾经渴望成为像武侠剧里潇洒浪漫的“浪子”，初中时，他有一次在扇子上写着“江南浪子”四个字，并赢得了一位班花愉快的笑声，这让当时自卑的他很自豪。所以，梦中的这个浪子恰恰是梦者青春期的理想自我，他渴望获得这种潇洒外向的性格，他一直因内向沉默的性格而自卑。恰好在做梦前一天，他在社交场合表现不佳并感到沮丧，于是，在梦中出现了这个浪子般的潇洒男子。梦中浪子向“我”求助，如果两个人的位置颠倒一下，则是“我”在向他求助，“我”渴望像他那样潇洒，并能获得漂亮女子的青睐。

除了梦中的人物和自我有关之外，梦中出现的事物也和自我有着无法割断的联系。一个人梦到“我要去外地工作了，我想去A市，A市是我特别喜欢的地方，但A市离我的家太远了，后来改成去了B市。我觉得B市也很好，毕竟离家近很多。”讨论中发现，A市一直是他向往的地方，他特别羡慕A市人的开朗健谈，这是他渴望成为的理想自我。而B市人在他的心目中和他自己差不多：格局小、斤斤计较、安于现状。所以，梦中出现的A市与B市，代表了他自我中的两个部分，一是理想自我（健谈、开朗、自信），二是现实自我（自卑、封闭、胆小）。在梦中，他最终没去A市，而是选择了B市，意味着他难以实现理想自我，同时，他也没有太过于执着于此，愿意去离家更近的B市，代表着他对现实自我的认同和接纳。

二、梦的颠倒

颠倒或把事物转向反面是梦的工作最喜欢使用的手法，因此，在梦的显意中，任何元素都可以具有它对立面的含义（参见《梦的解析》）。显梦的一个成分，如果有正反两面，那么它所代表的意义有它自己或它的反面，或者它的正反两面（参见《论释梦的理论与实践》）。我们可以利用这个原则，灵活地从正反两面去理解梦中的情景。

一个年轻的强迫症患者通过精神分析的治疗，发现从童年开始，他就有希望父亲死去的愿望，因为他怕他的父亲。有一天他梦到父亲责骂他，因为他回家太晚了。这个梦初看平淡无奇，生活中几乎每个孩子都会遇到类似的情景。对梦的联想表明，梦念所想表达的是他对父亲很恼火，因为父亲总是回家太早，他倒希望父亲根本就不回家（参见《梦的解析》）。这里面存在两个颠倒，一是梦中呈现的是父亲责骂他，而梦念中则是他对父亲的责骂；二是时间的颠倒，显梦中表现为自己回家太晚了，而梦念中则是希望父亲回家不要太早。正是因为认识到这种颠倒，这个梦的意义也就豁然开朗了。

一个女人梦到“肉店关门了”，如果把“关门”替换成“开门”，那便是“肉店开门了”，而这句话在维也纳的俚语中的意思是：你的裤子拉链开了。这个梦如果没有颠倒的概念就很难做出解释。弗洛伊德强调说：“如果一个梦顽固地拒绝显示它的意义，都值得去观察一下梦内容中某一元素的颠倒作用。”（引自《梦的解析》）

梦中的情感也会有颠倒。在《梦的解析》一书中，弗洛伊德提到了他的同行费伦茨记录的一个梦，这是一个老年男子的梦。

一位熟悉的绅士走进卧室。我想开灯，但怎么也开不了。于是妻子起床帮我，但也未能打开灯。妻子因在那位绅士面前半裸着身体而觉得尴尬，便最终放弃了，又钻进了被窝。这一切显得那么滑稽，使我忍不住尖声大笑起来。虽然妻子问我：“你笑什么？你笑什么？”但我还是笑个不停，直到醒来。(引自《梦的解析》)

分析中发现，进入卧室的绅士其实是作为“伟大的告知”的死亡形象。这位老年男子患有动脉粥样硬化，经常会想到死亡，因此，“梦中放声大笑便是代替对死亡念头的悲伤和哭泣，他所打不开的灯正是生命之灯”。另外，“这种忧郁心情可能还与他的阳痿有关……他认识到自己正日薄西山了，梦的工作成功地把他的阳痿和死亡念头转变成一幕滑稽剧，并将哭泣转为大笑”(引自《梦的解析》)。情感的颠倒在生活中也是常见的，比如有些人在愤怒时笑得很大声，在难过时表现得很开心。将负面情感压抑并转换为积极情感，这种自欺欺人的方式为很多情感压抑的人所用。

在前面谈到的一个女子的梦，“她正从房屋的大厅里走过，头撞到了挂得很低的灯架上，以致流出血来”。这个梦也使用了一种颠倒，梦中的头代表身体的另一端，把女子对生殖器性交的恐惧转变为对头部受伤的担心。

三、梦的情感

在清醒状态下，事件与情感的关系往往是协调的，比如被人骂了感到生气、亲人去世了感到悲伤、失恋了感到难过和伤心，而在梦中，事件与情感的关系则比较松散。比如，梦中“我”

的情感往往是以平静为主的，但对梦联想后就会发现，梦念中有大量的情感，所以，梦有一种压抑或隔离情感的作用。

弗洛伊德在《论梦》中记载了这样一个例子：“一个女患者几年前曾亲眼看到她姐姐的第一个孩子死了，她姐姐的孩子只活下来一个，而她却梦见这个孩子在同样的情境中死去。她对此毫不悲伤。”如果在日常生活中发生了这样的事情，梦者肯定会悲伤难过，因为她既爱姐姐的第一个孩子，也爱姐姐的第二个孩子，但在梦中她却梦到第二个孩子的死亡，且没有情感。对梦的联想表明，在患者姐姐第一个孩子去世时，她去参加了葬礼，在葬礼上她见到了一个她暗恋的人并和他说了话，这是她特别幸福的时刻。在梦者做梦的前一天晚上，她收到了她所爱的那位男士演奏的一场音乐会的入场券。所以，梦念中潜藏着再一次与心爱的人相见的渴望，这种渴望由于前一天收到的入场券而被激活，不过在显梦中没有这个内容，而是以第二个孩子死去的情境来呈现（就像在姐姐第一个孩子去世的葬礼上见到他一样）。无论是孩子死去所带来的悲伤情感，还是与心爱的人相见所带来的期待与快乐，都没有在显梦中得到呈现。

弗洛伊德说道：“梦的工作不仅把梦的内容而且也把思想的情感色彩降至平淡无奇的程度。也许可以说，梦的工作造成了对情感的压制。”（引自《梦的解析》）所以，对于看似平淡无奇的梦，我们不要忽略，以为这样的梦没什么价值，事实恰恰相反，对梦进行联想后一般能发现很多富有情感性的内容。比如，弗洛伊德那个“植物学专著”的梦是一个没有丝毫情感色彩的梦，深入分析之后却发现了大量的情感内容：自尊受挫、被忽略、潜藏的野心等。弗洛伊德形象地比喻梦中的情感平淡："这使我想到在尸横遍野的战场上突然降临的和平，战斗痕迹丝毫不见了。"（引自《梦的解析》）

有时我们会做一些愉快的梦，这些梦有一种安慰、补偿、平衡失落心情的作用，特别是在做梦前一天遇到一些不快乐的事情时，我们容易在当天的梦境中梦到愉快的事。弗洛伊德提到自己的一个梦。

一个小山丘上有看似露天厕所的东西：一条很长的座板上有一个很大的洞，座板的后缘厚厚覆盖着一层大小不等、新旧各异的小粪便堆，背侧长满草丛。我对着座板小便，长长的尿流把一切冲得干干净净，粪堆很容易被冲入洞内，只是座板末端好像还残留了一些。（引自《梦的解析》）

这个梦的内容似乎让人觉得恶心，不过，作为梦者的弗洛伊德丝毫没感到恶心，相反地，梦中他有一种兴奋的、得意扬扬的心情。对梦的联想让弗洛伊德马上想到了希腊神话中关于奥吉亚斯的牛圈被海格力斯冲洗得干干净净的故事[①]。其他的联想包括梦中的"座板"是弗洛伊德一位有名的女患者送他的家

---

① 奥吉亚斯的牛圈30年未清扫过，粪秽堆积如山，十分肮脏，而英雄海格力斯神通无敌，在逆境中不畏艰险，为民除害造福。其中的一项功绩就是一天之内将奥吉亚斯的牛圈打扫干净。

具的精确复制品，这曾经让弗洛伊德颇为自豪。甚至梦中的粪便也让弗洛伊德联想到在意大利度假时的美好回忆。弗洛伊德联想到的是："把一切冲洗得干干净净的尿流，无疑是伟大的象征，格利佛[①]正是以这种方式扑灭了利利普特的大火——尽管这使他在那个小人国王后那里失宠。大师拉伯雷[②]笔下的超人高康大也是用这种方式对拜火教徒实行报复的，他跨在巴黎圣母院上，把尿流灌向这座城市。"（引自《梦的解析》）

不过，做梦前一天弗洛伊德的心情很不好。那天下午，他做了一场关于癔症与性倒错关系的讲座，这是弗洛伊德提出的神经症幼儿期病因学说，他深以为傲，但不幸的是，这场讲座反响寥寥。做过讲座后他心情沮丧，独自来到一个小饭馆吃了露天快餐。有一位听众跟随过来，对弗洛伊德大加赞赏，他说从演讲中学到不少东西，并认为弗洛伊德的神经症理论清洗了奥吉亚斯牛圈式的错误和偏见。他说弗洛伊德是个伟人。但那一时刻，演讲受挫的心境和他的赞美很不协调，弗洛伊德摆脱了他，早早回了家。我们不难发现，在晚上的梦中，白天那位

---

① 格利佛（Gulliver），现多译作"格列佛"，乔纳森·斯威夫特小说《格列佛游记》中的主人公。在小说中，格列佛是英国一个酷爱航海旅行的人。他年轻时学医，后来在海轮上担任外科医生，多次环游世界，到过许多地方，有过不少奇遇。最值得称道的是他到小人国、大人国、飞岛国、慧骃国的四次游历。（见百度百科）

② 弗朗索瓦·拉伯雷，文艺复兴时期法国人文主义作家。拉伯雷的主要著作是长篇小说《巨人传》。《巨人传》共分五卷，取材于法国民间传说故事，主要写格朗古杰、高康大、庞大固埃三代巨人的活动史。（见百度百科）

听众说的话所勾起的野心在梦中得到了淋漓尽致的表达，洗刷了因为讲座受挫而带给弗洛伊德的沮丧心境。

有时候，显梦本身就能传递某种情感，特别是一些被忽略的情感。弗洛姆在《被遗忘的语言》中讲述了一个例子。一个人产生了一种灰暗的、有点害怕的、绝望的情绪，他难以用恰当的词汇向朋友们描述这种情感。接下来的晚上他做了一个梦：他梦到在日落之前身处城市的郊外，除了一辆牛奶马车之外，街上一无所有，房子看起来有些破旧，环境也不熟悉。当他醒来后想起这个梦时，他体会到梦中的感受恰恰是白天他想说但说不清楚的那些情感。梦通过这种画面的形式，使这种难以言说的情感得到了直观的呈现，所以在释梦时，梦境带来的主观感受是释梦者需要重视的信息。

为什么要记录与分析梦

弗洛伊德通过记录与分析自己的梦最终构建了他的精神分析学说，荣格分析了自己的一万多个梦，很多精神分析取向的咨询师也会分析自己的梦，是什么吸引着他们去记录与分析自己的梦呢？我们知道，梦是认识自己的捷径，同时，对梦的分析充满着惊喜，往往会带来意外的发现，在分析梦的过程中还能回溯自己的成长经历，体验各种压抑的情感。另外，释梦可以了解人的伪装机制，比如投射、移置、凝缩、隐喻等，对于精神分析爱好者更是如此。

回溯过去的自己

如果开始记录并分析梦，你会发现，那些在遥远过去的事件、愿望、幻想和情感等，能够再一次被你清晰地意识到。弗洛伊德曾经指出："近期的一个愿望，唯有当它与早年的某些东西相关联的时候，才可能出现在梦里，这个愿望本身是早年愿望的一个衍生物并与之同化了。"（引自《弗洛伊德传》）因此，梦的分析能让人回溯过去，当这些来自过去的愿望被重新认识后，往往能带来一种畅快感，并加深对自己的认识。我们可以通过弗洛伊德在一个简短的梦中看到这种与过去的联系。

我的朋友R是我的叔叔，我和他感情深厚。我望着他的脸，他的脸有点变形，似乎有些变长了，黄色胡须清晰可见。（引自《梦的解析》）

最初，弗洛伊德并不想分析这个梦，认为这个梦毫无意义，不过，这个片段始终萦绕在他的脑海里，挥之不去。在晚上，弗洛伊德克服了阻碍，对这个梦进行了分析，有了一些意外的发现。

对梦中人物的联想呈现了弗洛伊德与两位同事兼朋友R先生、N先生的关系。在做梦前几天，弗洛伊德与N先生还有过一段对话。R先生与N先生都曾试图晋升教授，却因为犹太人的身份被卡住了（当时奥地利存在一些排犹的政治气氛）。那段时间，当了10年无薪的大学讲师之后，弗洛伊德终于被提名为副教授，不过这还需要委员会的批准。做梦前几天，N先生曾向他表示祝贺，而弗洛伊德毫不犹豫地拒绝了，因为他知道自己犹太人的身份也会带来同样的阻碍。不过，N先生却相信弗洛伊德能成功，他安慰道："我是绝对不行了。你知道，有个女人到法院把我给告了。我不必让你相信这个案子已被驳回。那完全是一个无耻的敲诈，我很难使原告免受法律的制裁，但是这件事部里肯定会用做不批准我晋升的借口。而你就不一样了，你的人格无可指责。"

在梦中出现的叔叔名叫约瑟夫，他曾经因为贪图钱财而犯罪获刑，让弗洛伊德的父亲为此忧心了一段时间，几天之内头发都白了许多。弗洛伊德对叔叔没有任何感情，认为他虽然不是坏人，但头脑太简单了。因此，梦中出现的约瑟夫叔叔代表了一个头脑简单且有犯罪前科的人，在梦中，弗洛伊德将叔叔与朋友R等同起来。

通过这些分析，弗洛伊德明白了这个梦的意义："我的叔叔约瑟夫代表了我的两个同事，他们没有晋升为教授，其中一个头脑简单，而另一个涉嫌犯罪……如果我的朋友R和N都因'教派'的原因而未获晋升，那么，我的晋升也同样成了问题。

如果我的两个朋友不能晋升有与我不同的理由，那么，我晋升的希望还是有的。”（引自《梦的解析》）

在做梦前与N先生的对话中，以及对梦的分析中，弗洛伊德否认自己有晋升教授的野心，即使有，他觉得自己的野心也早就该转移到其他事物上了，而不是在教授之类的头衔和级别上。不过，对梦的联想却揭示了他隐藏的野心。在隐梦中，弗洛伊德为了实现成为教授的企图，不惜贬低两位朋友（要么太傻，要么是罪犯），而他并没有这些问题，因此他肯定能成功。

继续联想，进一步引申出弗洛伊德两段幼时与野心有关的记忆。当他刚出生时，一位老农妇曾对他的母亲预言，她的第一个孩子将成为一个伟人。另一段记忆让弗洛伊德更加印象深刻：“在我十一二岁时，父母习惯带我去维也纳郊区的一个很有名的公园，即普拉特公园去玩。一天晚上，我们正在公园的一个餐厅里，我们注意到有一个男人，他从一张餐桌上移到另一张餐桌上，只需考虑片刻就可以即席对任何题目都作出一首诗来。父母叫我请他到我们这一桌来，他当时对我表示了感谢。但是他还没有问我们要选怎样的题目，就先送给我一首小诗。他当时十分兴奋地说我长大后很可能成为内阁部长。”（引自《梦的解析》）在之后的很长时间，当内阁部长成为弗洛伊德的愿望，也成为父母对他的期望（父母专门在家里挂了一些那个年代德国政治家的肖像画）。他一直想读法律来实现这个愿望，直到上大学前不久才临时改变想法，学习了医学，这也就意味着他与部长的事业无缘了。

一个看似完全不相关的梦的片段，通过联想之后却被发现潜藏的野心，以及与此有关的两段幼时重要的记忆。同时，我们也能看到，由于不愿意面对真实的情感与愿望，梦只以非常简短的方式呈现，而且在情感上拒绝进一步的分析。弗洛伊德联想到幼时与野心有关的两段记忆，会不会加深了对自己的认识，包括他对精神分析事业的投入与野心？实现父母和周围人对他的期望，也许成为驱使他不断奋斗的动力来源。

丰富你的情感体验

人们对电视、电影、戏剧的热爱，也许是渴望从中体验到一些生活故事以及伴随的情感，毕竟，人有情感的交流、互动、共鸣的需要。梦会以意象化的方式让人体验到一些情感，或强烈，或轻微，有时惊心动魄，有时充满愉悦，有时看似平淡无奇，但在联想之后能够探索到丰富的情感。

梦有一种情感修复的功能，那些无法在清醒生活中体验与表达的情感，在梦中就有机会彻底地表露出来。比如，由于压抑的对父母的很多不满，一个男子经常在梦中与父母争吵。那些在日常生活中很难对父母表达的负面情感，在梦中得到了淋漓尽致的呈现。每当做完这样的梦之后，他都会有一种通透的感觉。

一个女子与别人相处时，总是显得热情、开朗、明事理，她给别人留下了很好的印象，周围人也都比较喜欢她。但在她的梦中出现的常常是追杀、打架、逃跑、死亡等情境，梦中出现的人物，要么把她关起来，要么在关键时刻出卖她。所以，她与人的关系，在清醒生活时是和谐的，而在梦里则充满着斗争。这些梦其实反映了她一直压抑着对他人的竞争、敌意与害怕，她表现出的热情和开朗只是一种自我保护，防御着对他人的负面情感。白天那些无法被体验与表达的负面情感，在梦中得到呈现，于是，梦起到一种心理平衡的作用。我们可以想象，如果没有这样的梦，她一直压抑的对他人的负面情感将无处释放，也许会转变为更加严重的心理症状。

一个男子梦中出现的父亲形象往往是温和的、包容的，而在现实生活中父亲是严厉的、苛刻的，他一直很害怕他的父亲。同样地，在现实中，母亲一直很理解和包容他，而在梦中出现的母亲，往往让他焦虑与排斥。讨论后发现，父亲虽然以苛刻、严厉为主，但偶尔也会有温暖、慈爱的部分；母亲大多数时候是包容和理解的，但偶尔也会情绪化和充满控制欲。我们可以理解，他虽然对父亲感到害怕，但渴望得到父爱的关怀；母亲虽然关心和包容他，但母亲的爱让他不得不压抑对她的不满与排斥。梦中将平常压抑的情感呈现了出来。

由于过于理性与现实的生活，很多人习惯于压抑情感，梦可以让那些忽略或陌生的情感得以呈现和讨论。在心理咨询中，我有时较难理解一些来访者提到的被人孤立的情况，虽然在理性上知道，但在情感上因为长久没有体验过这种情况，我不太能够真正理解。直到有一天我做了一个梦，梦中是学校的场景，大家在一起有说有笑，但我不能加入他们的谈话。我只好在旁边，把大的面包切成小片，等他们过来时可以吃。不过，他们并没有留意我准备的东西，只有一两个人拿了面包片就走了。我跟在后面，想让他们带我玩，但又不敢说，感觉他们离我好远。在这个梦中，我强烈地体验到孤独与自卑的感觉，我需要别人，但别人根本没有顾及我。这个梦让我深刻地理解了有些来访者被人孤立时的痛苦。

托马斯·奥格登在《精神分析艺术》一书中说道："只要患者不能在梦中整理情感体验，那么他就无法改变，无法成长，或是无法在原有的基础上更新自我。"如果一个人能够延续那些被打断的呐喊，摆脱无法做梦，或者梦境经常被打断的困境，他便能"通过梦境走进一个现实中更全然的存在"。记录和分析梦的过程中，压抑的情感能够再次被体验到，情感分化的能力得到提升，对情感的理解更为清晰，这也是心理咨询中强调的内容，因此，对梦的自我分析具有心理疗愈的价值。

不断地面对内心真实的需要

由于人类习惯性的自我保护机制，一些没有机会得到满足的需要与愿望往往被压抑下去，不过，它们总是会在梦及其讨论中浮现出来。在弗洛伊德的"朋友R是我的叔叔"的梦中，看似平淡无奇的梦，分析后却暴露了他曾经长期存在的野心，我们同样可以在"露天厕所""植物学专著"这两个梦中发现它们。我们不难推测，在野心的驱使下，弗洛伊德抓住了梦分析所揭示的心理原理（压抑的愿望所带来的影响），最终创立了精神分析学说。

对梦的记录与分析让那些在现实生活中没有得到满足的，或者被忽略的需要得以识别与讨论。比如，一个人经常梦到鬼在靠近她、追杀她，有时还会梦到被鬼打死了。一番探索之后她不得不承认，这些鬼并不是可怕的东西，而是她一直忽略的愿望。她选择了一份体面且收入不错的工作，不过，她不能感受到工作的乐趣和意义，对于与工作有关的价值观非常抵触。她想做那种有艺术创造性的工作，但因为自卑感的阻碍，她一直不敢去追寻梦想。梦中这个未被满足的愿望，就以鬼追杀或靠近的方式象征性地呈现出来。对内心冲突的识别让她减少了此类梦的困扰。

一个人梦到他的老板将一项任务交给了他的同事，并当着他的面对该同事说："这件事情交给你我很放心。"看到老板这么重视同事，梦者感到很自卑。梦中的同事是他大学时的同学，是一个很传统、保守的人，而梦者既有传统、保守的一面，又有追求个性的一面。在职业选择上，他因为坚持自己的选择而遭受了较大的压力，虽然他觉得自己的选择更符合内心的意愿，但总是会有些内疚和担忧的情感。这个梦反映了他内在两种人格成分的冲突，梦中那个大学同学代表了他传统、保守的一面，他曾经很长时间受到这种传统价值观的影响，这种人格让他受到周围人的好评（梦中老板的赞许），却以压抑自我为代价。对这个梦的分析让他更加明确了自己的选择。

认识内心的压力和冲突

很多梦和心理压力以及未解决的心理冲突有关，不过，这些内容需要进行充分讨论后才能识别。我们来看一个大二男生做的一个与考试有关的梦，通过讨论后便能发现他的压力与冲突的来源。

前段时间一直在早晨快要醒的时候做同一个梦，内容基本是快要高考了，发现我有很多科目根本没有复习或者某科忘了去考，然后就停留在无尽的惶恐中：完了，我高考考砸了，我以后完蛋了。然后在这种恐慌到最绝望的时候就会醒，发现自己躺在大学宿舍的床上，高考早就过去了。

这个男生高考考得很不错，在一所双一流大学就读，为此，他曾经有一段时间相当自豪，可谓实现了人生理想。不过上大学后有很长一段时间他非常颓废，做事拖延，对未来迷茫，心里时常不开心，还有些抑郁的症状。他无法理解为什么高考很成功，却总是做这样的梦。

这是一个考试梦，很多人都曾有过类似的梦境。有趣的是，考试梦常常发生在那些考试成功的人身上，而不常发生在考试失败者身上。弗洛伊德分享了一个患者的例子："我的一位病人曾告诉我，他不想放弃第一次升学考试的机会，结果通过了。后来在军队里又参加考试，结果没通过，所以没有得到委任。

他说他只梦见第一次考试，而第二次考试却从未入梦。”

考试象征着一种危险、挑战、评价。对于学生来说，考试是有压力的，考得好能得到周围人的羡慕，考不好则会心情沮丧，特别是那些本来成绩优异、排名靠前的人，更害怕考试失败。比如，一个时常保持全年级第一的女生，每次考试前都如临大敌，还经常梦见考试时答得不好，很多题目不会做，肯定要不及格了，但结果是她每次都考得很好。

工作之后，虽然很少有那些考场上的考试，但仍然有其他类型的“考试”。面试、见客户、约会、向领导汇报，包括交一个新朋友，这些也都是“考试”，都有评价、压力、挑战和危险，只是程度不一。一般来说，当第二天或不久之后有一个重要的但没有把握的任务要完成时，更容易出现考试梦，梦中的焦虑情绪是待完成事项所带来的压力反应。之所以只梦到成功的考试而不是失败的考试，也许是因为梦在表达一种自我安慰：“无须太忧虑了，以前你也曾经面临那么困难的考试，不是顺利地通过了吗？”

考试失败对人来说是痛苦的，因为它意味着不如别人以及伴随的惩罚。当考试成绩不好而试卷又要家长签字时，有些学生会害怕得不得了，回家后少不了一顿打骂。更可怕的是既不打又不骂，但总让你有一种无法释怀的压力。所以考试梦也有一种惩罚的意味，一种即将到来的惩罚。

大学以来这个男生一直很颓废，对此他长期有一些隐隐的担心和自责，害怕惩罚的来临。也许他的父母并不知情，或者即使知道了也不会再惩罚他，但那种因做错事（没有投入学习的颓废状态）而会被惩罚的焦虑存在于内心中。梦便以考试失败的形式来惩罚他，似乎在提醒他振作起来，否则结果会很糟糕。根据上述分析，这个考试梦似乎有两种意义：一方面呈现了对于即将到来的失败的担心；另一方面又在自我安慰——你曾经很成功，无须太担心了。

什么样的人容易做考试梦呢？一般是做事认真，有完美主义倾向，害怕犯错，非常在意他人看法的人，也就是那些过于苛刻超我的人。在现实生活中，这些人往往因为其认真负责的态度受到他人的赞赏，但他们经常会压抑自己的情感和愿望，经常害怕自己有朝一日会让人大跌眼镜。由于害怕超我的惩罚以及他人的失望，在遇到失败即将来临的情况时，或者像梦者那样长期状态颓废时，这样的梦就会频频出现。

通过梦来揭示内心的压力与冲突，需要结合梦的工作机制，理解梦的语言，因为心理冲突一般会以意象、隐喻、象征等方式来表达。不断地释梦，参考一些释梦的书，会有助于提升这方面的能力。

了解人的伪装技巧

梦可谓伪装的大师，这种伪装也是人类潜意识的特点。我们往往会忽略这些，不懂得解读潜意识的信息。当你在一个看似平常无奇的梦境里看到强烈的情感时，或者当你在一个与性无关的行为背后看到潜藏的性渴望时，你会惊叹于人的伪装才能。我们可以从一个年轻女子的梦中发现梦工作所具有的高超伪装技巧。

有洪水，第一次醒来发现洪水刚刚来，其实也不是洪水，就是有类似长江的大水在楼下。第二次醒来发现水已经漫到楼层的一半，很快就要到我这层，然后我就开始喊救命。对面宿舍就有个大叔游泳过来说去他那儿，他说把房子门缝都密封了，水不会进去。后来我就收拾东西，很清楚地记得拿了个小挎包，但最后只拿了手机。

这个梦的主题，因为危险的降临（洪水漫上来了），梦者即将被淹并感到强烈的害怕，此时，出现了一个拯救者（大叔），梦者犹豫之下准备过去，梦在这里停止。如果我们问一下这位年轻的女性梦者：“到了大叔那边之后，你觉得会发生什么呢？为什么不继续梦下去？”也许她会不知所措，甚至害羞脸红。我们很容易发现这个梦中潜藏的性内容。

当一些无法被接受的欲望（一般与性或攻击有关）即将得到表达时，人往往会感到焦虑，在梦中，会突然惊醒来阻止它们在意识中浮现。洪水象征一种失控，一种强大的力量，当欲望浮现时，无论是攻击还是性的欲望，人往往会在这些欲望的掌控下做出不可思议的事情，所以，这位梦者梦中的洪水可以象征那些无法被掌控的性欲望。

为什么这里的洪水仅仅象征性欲望，而不是攻击欲望，或者其他欲望（并不是梦中的洪水都有代表性）？因为梦中呈现了其他性象征。水流进门缝，这无疑是性行为的象征，这个象征在随后大叔说的那句话里进一步得到印证："门缝都密封了，水不会进去。"大叔的这句话是一句有诱惑性的话，在强烈欲望或好奇心的作用之下，梦者过去了。过去之前，梦者记得"拿了个小挎包"，这也有性的意味。包可以象征女性的生殖器，也能展现女性的魅力。一些女子喜欢拿上一个漂亮的包包并展示给别人看，体现了对自己性别身份的认同感（这也许是名牌包受到很多女性青睐的原因之一，一个优质昂贵的包代表了一种高贵的女性魅力）。梦者拿了个小挎包，她似乎已经知道接下来要发生什么，并做好了准备。

但有一个疑问，性的欲望又有什么可怕的，梦者为什么会如此焦虑？梦中的大叔，可以象征那些具有诱惑力的成年异性，对于20岁左右的女孩来说，大叔级别的男性也许是非常有吸引力的（恋父情结的残留），就像对于同年龄段的男性来说，对三四十岁有魅力的女性也会有强烈的性吸引。不过，年轻女子对成年男性的性欲望也是令人害怕的，因为这会有一种乱伦的性质。这种欲望最初的对象可能是梦者的父亲（或者其他男性长辈），所以这种性欲望有强烈的道德上的压力。梦以洪水（猛兽）这样的意象，呈现了这种失控般的吸引与恐慌。

梦者本来想好拿个小挎包，而后来拿了个手机，这个片段可能表达了梦者对于这种性欲望的矛盾心理：一方面想要尝试与成年男性的性行为（把包拿过去），另一方面又担心、犹豫（手机可以象征求救以及来自他人的干扰和提醒）。因此，梦以洪水、中年男子、手机等意象，以及一个逃跑与拯救的情节，呈现了一个年轻女孩对成年异性的渴望与害怕。

我们也可以从这个梦中看到梦的伪装与编故事的能力。伪装的其中一个表现是洪水，象征了潜在的性欲望，如果直接以性欲望来表现（比如与大叔发生性行为），梦者可能早就惊醒过来，这个梦也就不存在了。通过将性欲望伪装成洪水漫上来，梦保护了睡眠，并形成了一个惊心动魄的故事。伪装的第二个表现是梦里的大叔是一位拯救者，而其真正的身份却是性诱惑者。于是，一种针对成年男性的性渴望，编织成一个因为洪水降临而被大叔拯救的故事。由此看来，每个人都具有编故事的潜质，只要你愿意在梦中寻找灵感。

对梦进行自我分析的例子：伊尔玛打针之梦

我们来看一下《梦的解析》一书中弗洛伊德对一个自己做的梦的分析，这个梦的名字叫作“伊尔玛打针之梦”。正是受到这个梦的启发，弗洛伊德最终解开了梦的秘密。弗洛伊德按梦境的顺序逐段对该梦的元素展开联想和分析，并慢慢地展现出梦的主题，梦中潜藏的愿望，以及梦工作的方式。以下内容摘录自《梦的解析》第二章（略有删减），以第一人称的方式来讲述。

做梦前的背景

1895年夏，我曾给一位年轻妇女伊尔玛做精神分析治疗，这位女士与我和我的家庭的关系都很好。十分明显，作为一个医生处在这样的关系之中意味将有许多麻烦的情感产生，尤其对精神分析医生来说。医生的个人兴趣越大，他的权威性就越小；任何治疗上的失败都会影响两家长久建立起来的友谊。这次治疗只是部分的成功；病人的癔症性焦虑症状消失，但有些躯体症状并未完全消除。由于那时我对标志癔症结束的标准并不太清楚，所以提出了一项病人不太愿意接受的治疗方案。这样我们彼此之间就有些不快，在暑假时就中断了治疗。一天，有一个年轻的同事奥托来访，他是我的老朋友，曾同我的病人伊尔玛和她的家人在一处乡间度假村共同度过一段时间。我问他她的病怎么样了，他回答说："她好些了，但没有全好。"我的朋友奥托的话，或许是他的语调使我感到不快。我从话中听出了不满的意思，如我对我的病人承诺得太多等。不管是对还是错，我把奥托不站在我的立场归因于他受了我病人亲属的影响，因为在我看来，他们从来没有对我这次治疗持赞成的态度。但当时我这种不愉快的心情也没有明显被意识到，当然更没有任何流露。那天晚上，我在写伊尔玛的病历，想把它送给M医生（他和我是普通朋友，当时也是我们这一行业的头面人物），以证实我的观点。夜里（很可能是下半夜）我做了如下的梦，第二天一醒来，我马上将其记录了下来[①]。

梦的记录

一个大厅——我们正在接待很多客人，伊尔玛也在其中，我立刻把她带到一旁，好像是回答她信中的问题，并责怪她还没有采用我的“治疗方法”。我对她说：“你现在还有疼痛感，责任全在你自己。”她回答说：“你知道现在我的嗓子、胃和肚子是多么痛吗？简直痛得我透不过气来。”我大吃一惊，看了看她。她看起来脸色苍白，而且有些浮肿。我自忖道，我一定是忽视了某种器质性的疾病。我把她领到窗前，检查一下她的喉咙，但她显得很不情愿，就像那些安了假牙的女人一样。我想，她大可不必这样。这时她张开了嘴，我发现在她的喉咙右边有一大块白斑，在另外一个地方我看到很大的一片灰白色的小斑点，就在那像鼻内鼻甲骨一样奇特的卷曲结构上。我立刻把M医生叫来，他也检查了一遍，证实的确如此……M医生看上去同以往不一样，脸色苍白，走路似乎有些跛，下巴刮得很干净……我的朋友奥托也在她旁边，我的朋友利奥波尔特隔着

① ［1914年增注］这是我详尽分析的第一个梦。

衣服叩诊她的胸部，说："她的左胸下方有浊音。"他还指出她的左肩上有一处皮肤有浸润性病灶。（虽然她穿着衣服，我也注意到了）……M医生说："这肯定是感染了。没关系，就要得痢疾了，一拉肚子，病毒就会排掉。"我们都知道她是怎么感染的。不久前，她感到不舒服，奥托给她打了一针丙基制剂，丙基……丙酸……三甲胺（我看到这些药名在我面前，十分清晰），这种药不应轻易注射，也许注射器不干净。

弗洛伊德对该梦进行逐句的分析

一个大厅——我们正在接待许多客人。那年的夏天，我们正在贝尔维尤（Bellevue）度假，那是卡伦贝里（Kahlenbery）[1]附近山顶上的一座房子，这座房子本是建了用来避暑的别墅，所以都是些高大宽敞的房间。这个梦是在我妻子生日前一天所做的，记得做梦的前一天，妻子曾与我谈及生日当天宴会的安排，并开出一张邀请人员的名单，其中包括伊尔玛。于是，梦预先展示了那个情景。

责怪她还没有采用我的"治疗方法"。我对她说："你现在还有疼痛感，责任全在你自己。"我可能在之前对她说过类似的话，当时我以为（尽管之后我认识到这个想法是不对的）我只要能对病人说出隐藏在她症状背后的意义，我的任务就算完成

① 维也纳附近一山名，此处为避暑胜地。

了，至于她是否接受我的方法，那是她自己的责任。所以在梦中，我告诉伊尔玛那些话，无非是要表示她久病不愈实非我治疗方法的问题。

她回答说："你知道现在我的嗓子、胃和肚子是多么痛吗？简直痛得我透不过气来。"胃痛是她最初找我时就已有的症状，但当时不太严重，最多不过胃里不舒服想吐而已，至于腹痛、喉痛就没听说过了。为何我会在梦中替她造出这些症状，迄今我仍不明白。

她看起来脸色苍白，而且有些浮肿。实际上伊尔玛一直脸色红润，我怀疑在梦中她大概被另一个人取代了。

我自忖道，我一定是忽视了某种器质性的疾病。一个精神科医生常常有一种担心，就是他会不会把其他医生诊断为器质性疾病的症状，都当作歇斯底里症来治疗。可能就是这种警惕心使我产生了这一段梦。另一种可能就是，如果伊尔玛的症状是由器质性疾病引起的，那当然就不是我用心理治疗所能治好的，而我就不必将此当作失败而耿耿于怀。

我把她领到窗前，检查一下她的喉咙，但她显得很不情愿，就像那些安了假牙的女人一样。我想，她大可不必这样。实际上我从未检查过伊尔玛的口腔。这梦中的情景，使我想到以前有个政府女官员来找我看病，她外表年轻漂亮，但当我要她张开嘴巴检查时，她就尽量想掩饰她的假牙……伊尔玛站在窗口的一幕，突然使我想到另一次经历：伊尔玛有一位很好的朋友，有一天我去拜访伊尔玛的这位朋友时，她正好就像梦中伊尔玛一般站在窗口让她的医生——M 医生（就是梦中的那位）为她检查。结果在喉头发现了白喉的伪膜……M 医生、白喉般的膜、窗口都一一在梦中呈现。现在我才发现，这几个月来，我就一直怀疑她和伊尔玛一样有“歇斯底里症”，因此梦中我就把她俩进行了调换。我突然意识到我一直期待着伊尔玛的这位朋友也来找我医治她的病。但事实上，我又自知绝不可能：因为她是那种保守的女人，可能梦中特别提出的“有点不情愿”就意味着这一点。

最后剩下苍白、浮肿、假牙无法在伊尔玛和她这位朋友身上发现。假牙可能来自那个政府女官员；而苍白、浮肿让我想到另一个人物——X 夫人，她不是我的患者，而且我也不愿意接收她为我的患者。我感到她在我面前忸怩不安，所以我想她未必是一个很听话的病人。她脸色苍白，而且有一次身体不好，全身浮肿……就这样，我同时用几个女人来取代伊尔玛，而她们与伊尔玛的共同点只是她们都拒绝接受我的治疗。我之所以在梦中用她们取代伊尔玛，可能是我比较关心她这位朋友，或是我嫌伊尔玛太笨，以致未能接受我的办法，而其他的女人可能较聪明、较能接受。

我发现在她的喉咙右边有一大块白斑，在另外一个地方我看到很大的一片灰白色的小斑点。白斑使我联想到伊尔玛那位朋友的白喉；但同时又使我回想起两年前我的大女儿所遭遇的疾病，以及那段时期的诸般不如意。那皱缩的“鼻甲骨”使我想起自己的健康问题，当时我常服用“可卡因”来治疗鼻部的肿痛，而几天前，我听说一个病人因用了“可卡因”而使鼻黏膜引起大块的坏死。这又让我记起1885年我极力推荐“可卡因”的医疗价值时，曾遭到一连串的反对，而且我有个好友因过量注射“可卡因”而死亡。

我立刻把M医生叫来，他也检查了一遍。这一幕让我想起一次很糟糕的行医经历：有一次，我为一位女病人治疗，要她服用当时认为没有副作用的索佛那（一种药物名），结果引发了严重中毒，当时我马上向医学界前辈们求助。啊！我现在才发现，这位女病人（后来因中毒而死亡）的名字与我的大女儿完全一样，看来这真是命运的报应。同是玛蒂尔塔，我害了她，结果就害了自己的骨肉，以眼还眼，以牙还牙。这似乎也让我想起一切我缺乏医德的事例，让我做一番自我谴责。

M医生看上去同以往不一样，脸色苍白，走路似乎有些跛，下巴刮得很干净。M医生实际上是一个脸色常常苍白而令人担心的家伙；但刮胡子、跛行使我想到这又是另一个人——我那位在国外的兄长，他常常是胡子刮得最干净的人，而日前他来信说，最近因大腿骨的关节炎而行动不便。但为什么这两个人会在梦中合成一个人呢？想来想去，唯有一个共同点——他们都对我的意见提出异议，而使我与他们的关系极端恶化。

我的朋友奥托也在她旁边，我的朋友利奥波尔特隔着衣服叩诊她的胸部，说：“她的左胸下方有浊音。”利奥波德也是一位内科医生，是奥托的同事，两人一直互不相让，当我仍在儿童精神科主持神经科门诊时，他俩都在我手下帮过忙。奥托以敏捷见长，而利奥波德以稳重取胜。在这个梦里，我无疑在赞赏利奥波德的细心。这种比较有如上述伊尔玛的那位朋友一般，只是反映出我个人情感上的好恶。梦中的“浊音”使我联想到有一回在门诊时，当我与奥托看过一个女病人后，却讨论不出名堂时，利奥波德又做了一次检查，发现可作为重要线索的“浊音”。也许这一段想表达的想法是：要是伊尔玛就是那个女病人该多好，因为那个病人后来被确诊为“肺结核病”——不会像伊尔玛这般是难以诊断的疾病。

他还指出她的左肩上有一处皮肤有浸润性病灶。我一下子就想到这正是我风湿痛的部位，每当我工作到很晚时，这毛病就会发作。下一段“虽然她穿着衣服，我也注意到了”可能指我摸到自己的身体，而“浸润性病灶”这句话很少用来指皮肤上的毛病，多半是用来指肺部。所以我们又一次可以看出，我内心多么希望伊尔玛患的是那种极易被诊断的“结核病”。

虽然她穿着衣服，这只是一个插句，在儿童诊所里我们一向要求他们脱光衣服做检查，但女性多半是办不到的。记得有一位很有名的医生就是专门不让病人脱衣，而能“看穿”她们的病，所以最受女病人的欢迎……说实在的，我也不想就此进行更深入的分析。

M医生说：“这肯定是感染了。没关系，就要得痢疾了，一拉肚子，病毒就会排掉。”老一代的庸医认为致病物质可以从粪便排出去，梦中M医生也这样说，难道我在取笑M医生吗？但我又想起一件事：几个月前，有一个病人因消化不良找上门来，当时我一眼就看出这是“歇斯底里症”，但别的医生都诊断为“贫血、营养不良”。由于我不愿意为他做心理治疗，所以我就劝他到海外游历以放松他那长久郁积的不安。不料几天前，他从埃及寄了一封信给我，说他在那儿又发作了一次，结果当地的医生诊断为“痢疾”。我实在是很怀疑，这明明是“歇斯底里症”，怎么会是“痢疾”？大概是当地医生的误诊吧！但我又忍不住开始自责：“为什么放任一个有病的人到那种可能感染上痢疾的地方去玩？”另外，德文中白喉（dysenterie）与痢疾（diphtheria）两个词念起来是不是也十分相近呢？但白喉这种带有凶兆的词并未在梦中出现。

在梦中我让这些话由M医生口中说出，可能有意在开他的玩笑，因为他曾告诉我一件类似的事：有一个同事请他去会诊一个快断气的女病人。M医生由于发现她尿中出现大量的蛋白质而表示不太乐观，但那个同事不以为意地说：“这没什么问题……”因此我可能在梦中，就有意识地笑这位看不出“歇斯底里症”的医生。我经常在想：“M医生可曾想过伊尔玛的那位朋友，不是‘结核病’而是‘歇斯底里症’？会不会是他看不出而误诊为‘结核病’呢？”

我在梦中这般刻薄地讥讽M医生，究竟又有什么动机呢？想来只有一个目的——报复。对伊尔玛说：“如果你还有疼痛感，那可不是我的责任。”而对于M医生，则是让那种信口胡说的安慰话由M医生说出。

我们都知道她是怎么感染的。这句话似乎很不合理，因为在利奥波德发现“浊音”“渗透”以前，我根本没想到这会是细菌感染。

不久前，她感到不舒服，奥托给她打了一针丙基制剂。奥托到乡间拜访伊尔玛时，是因为乡间旅舍有急症病人，请他去打针而顺道找伊尔玛的，所以“打针”可能是由此联想到的。“打针”使我想到，我有一位好友因为注射大量“可卡因”而中毒死亡，而当时我曾主张在戒掉吗啡中毒时，可以使用“可卡因”。想不到，他竟一下子打了那么大量的而送命，这件事曾使我久久不能释怀。

丙基……丙酸……三甲胺（我看到这些药名在我面前，十分清晰）。这些药到底是什么呢？我自己也从没见过。在做梦的前一天，奥托送我一瓶标着Ananas（这个词的发音跟伊尔玛的姓很相近）的酒，由于强烈的戊醇味道使我作呕，所以我想把它丢掉。我妻子说不如送给佣人们喝，结果我就大骂她：“佣人也是人，我可不准你用这毒死他们！”“Amyl”（戊基）使我想到了“Propyl”（丙基）、甲基（Methyl）等一系列药物，这样梦中的丙基就得到了解释。在梦中我进行了替换，我嗅到了戊基，而梦到了丙基。

我看到这些药名在我面前，十分清晰。在梦中，我还可以清晰地看到构造式用粗体字标出来，但三甲胺对于我又有什么特别的意义呢？记得以前我曾与一位无所不谈的老友聚会时的谈话，他向我透露了一些关于性交活动中的这种化学物质的情况，此外还提到他相信性的新陈代谢的产物之一是三甲胺。因此，三甲胺在我的梦中可能代替了“性”，而在我眼中，“性”正是导致神经症的重要因素。我的病人伊尔玛是一个寡妇，如果我非要自圆其说，她的疾病可能就是由“性”的不能满足而产生的。

我还是想不出为什么三甲胺的化学结构式如此清楚地出现在我的梦中，它一定是个比喻。三甲胺不仅暗指性欲，它还让我想到一个人，每当我感到孤立的时候，我总是十分满意地想到他与我的观点一致。他是对我影响很大的一位医学前辈，一生专攻鼻炎或鼻窦炎，并曾发表一篇鼻甲骨与女性生殖器官的关系的论文。在梦中我曾提到鼻甲骨，所以这更使我确定：在潜意识里我认为伊尔玛的病与性是有一点关系的。

这种药不应轻易注射。这完全是在指责奥托的失误。记得当天奥托告诉我伊尔玛的事时，我心里就这么骂他：“你怎么这般不明是非，轻率地听信伊尔玛家人的一面之词。”但这“轻率”的打针又使我联想到，我那用过量“可卡因”而死的朋友，以及可怜的玛蒂尔塔……很明显，一方面我是借这个梦在推卸我的责任，并对不利于我的人一一报复，而另一方面我始终摆脱不了良心的责备。

也许注射器不干净。这又是在指责奥托，但来源不同。我有一位老病人已经82岁，两年来一直靠我每天给她打两针吗啡来维持。但最近迁到乡间以后，她找了其他医生替她打针，结果得了静脉炎，我想这一定是针筒不干净所致。这消息使我感到非常得意，因为这表示我行医的良心与谨慎，使我两年来从没出过问题。“针筒不干净”又使我想起，我妻子在怀孕快生玛蒂尔塔时，曾因打针而发生“血栓症”。这样就有包括我妻子、伊尔玛和去世的玛蒂尔塔三个类似的情形进入我的脑海。这三个情形的一致性使我能在梦中把这三个人互相转换。

该梦的总结

整个梦的结果，就在于表示伊尔玛之所以今日仍在活受罪，并不是我的错，而应该归咎于奥托（在梦中奥托用不干净的注射器给伊尔玛注射了不能轻易使用的丙基制剂，导致伊尔玛得了器质性疾病）。由于奥托告诉我伊尔玛并未痊愈而惹恼了我，我就用这个梦来嫁祸于他。这个梦得以利用其他一些原因来使我自己解除对伊尔玛的歉疚。

我之所以在梦中这般报复奥托，除了他那么轻率地为伊尔玛的未痊愈而怪我，可能还因为他赠送的那瓶带戊醇味的劣质酒，所以我在梦中，把这两件事结合在一起，成了“注射丙基”。然而我仍心有不甘，于是我再拿他与较优秀的同事做比较，以继续我的报复工作。甚至我很想当着他的面说：“我喜欢他，远甚于你。”但是，奥托并不是我的愤怒指向的唯一对象。同时我也对我那不听话的病人伊尔玛深感不满，把她用另一个更聪明、更柔顺的人物来取代。还有，我也不放过M医生，因此，我用一种很荒唐的胡扯，来表达我对他的看法——他简直是个大蠢材。事实上，看来似乎我很想用他转换为一个更好相处的朋友（那个告诉我三甲胺的朋友），就像我将伊尔玛转换成她的朋友，奥托转换成利奥波德。整个梦看来，我有如想说出："使我脱离这三个可厌的家伙吧！让我自己选三个人来取代吧！这样我才能逃避我应得的谴责！"

在梦中，这些不合情理的谴责，均经过复杂的变化才呈现出来。伊尔玛的病痛，只是由于她拒绝接受我的治疗，责任不在我。而且如果那些病痛系由器质性疾病引起，那么当然不能通过我的心理治疗见效。伊尔玛的受苦，完全是由她守寡引起的，而这我也爱莫能助。伊尔玛的病是由奥托轻率的打针引起的——一种我未曾用过的不正确的针药。伊尔玛的抱怨完全是由不洁的针筒引起的，就像我从未引起那个老妇人的静脉炎一般。

梦中还有其他一些细节，似乎与我要证明对伊尔玛的事概不负责的主题关系不大。这是另一个主题，我女儿的病，那与我女儿同名的女病人的病，可卡因的害处，那到埃及旅行的病人的病情，对我太太、我哥哥、M医生的健康关怀，我自己的健康问题……但如果我再从这些纷乱的片段中，摘出其中共同的意义，那无非是"对我自己与别人的健康情形的关怀——我的职业上的良心"。

我现在依稀记得，那晚奥托告诉我伊尔玛的情形时，我曾有一种说不出的不愉快，而我终于在这个梦的其他部分把这种感觉宣泄出来了。那时的感受就像奥托对我说"你并未相当重视你的医疗道义，你没有良心，你并未实践你的承诺"，因此，我就在梦中，竭尽所能地证明，我是过度地有良心，我是如此地关心我的亲戚、朋友和病人。

如何对梦进行自我分析

对梦进行自我分析是完全有可能的。要做好自我分析，首先要记录梦，然后对梦元素进行联想并得到丰富的隐梦材料，最后，适当地运用梦工作的原理，准确地把握梦的含义。

关于梦的记录

有些梦栩栩如生，有些梦含糊不清，有的梦很长，有的梦很简短，不管是怎样的梦，都值得记录和分析。一般来说，越是那些你觉得没有必要的、不重要的梦，越有记录与分析的价值，那种“没有必要”“不重要”的评价，可能只是一种心理阻抗。记录梦能够起到一种积极的提醒作用，有助于梦的记忆，并让更多的梦境被你记住。为了更好地记录梦，以下是一些注意事项：

（一）准备好电脑或者笔记本，或者录音设备（如果你不想写字或打字的话），放在床边，以便起来后记录。

（二）睡前暗示自己，明天醒来能记得所做的梦。那些苦恼于容易忘记梦的人，不妨试一试这个方法。弗洛伊德曾说：

“任何人只要对梦发生兴趣，便能在醒后对梦有一个更好的记忆。”（引自《梦的解析》）如果你很想记住梦的内容，那么你就能记得梦。随着你开始记录与分析梦，也许你会意外地发现，你做的梦并不比别人少。

（三）醒来时，先不急着翻身或起床，而是先保持不动，慢慢回忆梦的内容并体验梦带来的感受。这些回溯会让你对梦的记忆更深刻。如果一醒来就翻身或起床，梦的内容容易被迅速遗忘。

（四）起床，把梦的内容记录下来。在记录梦境的过程中，可能会有新的回忆或联想，包括梦的新的片段，或者另一个梦，或者之前做过的梦，这些都要记录下来。由于阻抗作用，梦的内容似乎很容易遗忘，很多人早上记得很清楚的梦，过一会儿再回忆时，已经变得模糊很多，所以，及时记录是很重要的。

如果早上醒来时你还记得刚刚做的梦，那么，这会是一天美好的开始。你试着再次回忆具体的梦境，克服起床的困难，来到书房，掏出电脑或笔记本，留给自己半小时甚至更长的时间，记录并分析梦。很多时候，这会是一段自我整理的时间，你能从中收获很多。

分析梦的两个阶段

梦的分析包括翻译阶段和评判阶段。在第一个阶段，重点在于对梦元素的自由联想，而不是马上得出一些结论。弗洛伊德强调："在第一个阶段，分析者必须做到不受第二阶段中的任何考虑的影响。"（引自《论释梦的理论与实践》）也就是说，先不要评论与判断，而只是联想、回忆。不要着急地想要获得答案，暂时容忍对梦的无知，单纯地进行联想与回忆的工作。

当对梦的内容有了充分的自由联想之后，便进入了梦的评判阶段，也就是理解梦的含义的阶段。有些梦的理解是在自由联想的过程中突然获得顿悟。比如前面提到的一位中年女子的梦："我的一位朋友很生气地指责某件事情不公平，并替我打抱不平，而我则很平静。"她在对那位朋友的联想中突然发现，两者的共同点在于自尊敏感，于是，她马上意识到这个梦的含义，她把这个自尊敏感的缺点放在朋友身上，而希望自己能够比她更淡定。一般来说，随着释梦实践的丰富，这种顿悟色彩的梦的理解会更容易出现。

有些梦的理解则要借助于梦工作机制的帮助，比如对移置、象征、复合形象，以及颠倒、自我的代入和其他梦的特点的识别，这方面的知识前面已有所论述，具体参见弗洛伊德所写的《梦的解析》《论梦》，以及荣格所著的《分析心理学与梦的诠释》《人类及其象征》，弗洛姆《被遗忘的语言》等，其他的释梦书籍，比如中国的《周公解梦》《梦林玄解》也值得参考。随着释梦实践的积累，释梦者对梦工作机制的把握更有经验，梦也更能得到准确的理解。

梦分析的步骤

记录好梦之后，应该采取怎样的步骤来分析呢？根据弗洛伊德的建议，分析梦可以从以下几种方式开始（参见《论释梦的理论与实践》）。

（一）按梦的内容顺序来进行联想。这是原始、经典的方法，弗洛伊德认为它是对梦进行自我分析最好的方法。“伊尔玛打针”这个梦便采取了这种方式。

（二）从梦中挑出某个元素开始联想。例如，选择最打动人的片段，或者最清晰、具有最大感性强度的片段；也可以从梦中所说的话开始，因为梦中说的话一般来源于现实生活中确实说过的话（可以节选，或者略微改变），从梦中的话开始便能与清醒生活中所说的话联系起来。

（三）梦者先不去对梦的内容展开联想，而是回忆一下做梦之前的一天或几天所发生的生活事件。在回溯这些生活事件时，往往会浮现与梦有关的一些细节。比如，一个人梦到“老虎要闯进我的房间，我用窗户把老虎挡在外面，我能看到老虎在窗外徘徊。之后，突然发现有一扇窗不牢固，随时可能被老虎冲破，我很害怕，准备逃离”。记录下这个梦后，当他自问“这两天发生了什么不一样的事情”时，他突然想起昨天曾经想到小时候的一个长辈，这位长辈曾经给他一种老虎般的印象，既让人害怕，又让人喜欢。他在回忆起一些与该长辈有关的往事后，便对该梦有了新的理解。

（四）除了对梦元素展开自由联想，对于“为什么是今天做了这个梦”“为什么在这里做了这个梦”等背景性问题的思考也很重要。这些自我设问往往会引出形成梦境的促发性因素，所谓“日有所思，夜有所梦”。

注意事项

一、学会正确的自由联想

在对梦进行自由联想时，总有一些力量在阻碍材料的浮现，它们表现为一些批评或评价，或者干脆拒绝对梦展开联想。因此，努力克制批评意见、先入之见，以及情感的或理智的任何偏见是必要的。在记录了联想之后，你往往会发现那些阻力在减少。

对梦元素进行联想时，无须对梦元素进行刻意的选择，应给予每个梦元素同等的价值。根据梦的移置机制的特点，在显梦中突出的内容，反而不一定是重要的，而看似无关紧要的内容，却可能对应着梦念中有价值的内容。有时，对一些看上去无关紧要的材料进行联想后，马上会浮现重要的内容。

在自由联想的过程中，如果你发现联想的材料越来越乏味，意味着你可能偏离了真正的主题，此时，你可以暂停，转而对其他的梦元素进行联想。自由联想时，既要尊重自我的感受（比如，是打开了更多的联想或浮现了一些情感，还是感到枯燥乏味），也要克服一些阻力，在摆荡中前行。

二、不用强求理解

是否每个梦都可以得到理解？在梦的分析中，要尽量避免功利性的要求，比如希望通过梦来解决什么问题或达到什么目标，以及一定要找到被压抑的愿望。梦的记录和分析，抱着一种认识自己的态度就好，由梦的联想来呈现回忆、想法、情感等，对梦的理解不应该成为一种必需的要求。当这些材料不断得到呈现时，即使无法真正理解梦的意义，也已经收获很多了。

梦的分析往往不是一次就能完成的，需要一个反复的过程。比如，你在早上记录了梦并进行了分析，不过没有特别的理解。此时，你可以暂时把梦放在一边，等到晚上有空时，或者在几天后，甚至一两年之后，再回头来看这个梦，也许你会注意到梦的另外一些内容。弗洛伊德把这种方法叫作“分段释梦法”。

如果你花费时间对梦进行了记录和联想，结果却发现没有理解，也许你会有遗憾和不甘心。不过，这个梦会萦绕在你心里，你在走路、吃饭、工作时会时不时地想起这个梦，然后在某一刻，你突然有了一些新的回忆或领悟。所以梦的分析并非只能在早上进行，也能在平时的生活中自动进行，这是梦的自我分析有趣的地方。

精确与可重复并非释梦要达到的标准，这可能是一些人排斥梦分析的原因，他们迫切需要一些科学的结论。正如一首诗歌或一篇小说，每个人都会有自己的理解，在不同的阶段，一个人也会对同一首诗歌或同一篇小说有不同的理解。梦也可以让人反复品味，不一定要追求单一的答案。弗洛伊德认为，梦是很机敏的，它往往用同一种表现形式来表达多种意义。

另外，梦是一种古老的语言，人类长久失去了与古老语言对话的能力，很多复杂的梦很难得到彻底的解释。因此，我们应该允许不能得到理解的梦的存在，就像在学习中，我们可以允许自己有难以理解的内容。

三、不断地实践

随着梦的分析实践不断进行，你对象征、移置、凝缩、隐喻等梦的工作机制会有更准确的把握，对梦直觉性理解的能力也会增强。因此，如果有梦，早上留出半小时的时间用于对梦的记录与分析是值得的，直到成为一种习惯。当梦的记录与分析已经成为你的一种兴趣爱好时，那么，你就更能从梦中得到启迪和帮助。梦的记录会有一种正强化的作用，更多的梦会被你记住，逐渐打开你的潜意识世界，直到你掌握这种与潜意识沟通的方式。

弗洛伊德之所以能够撰写出影响深远的《梦的解析》一书，离不开他从小对梦的兴趣。根据《弗洛伊德传》作者厄内斯特·琼斯记载，弗洛伊德很早的时候就开始观察和记录自己的梦境，年轻时他在写给未婚妻玛尔塔的一些情书中，也经常会提及自己的梦境。直到1895年7月24日这个历史性时刻，在做了“伊尔玛打针”之梦以及对该梦的自我分析之后，弗洛伊德发现了梦的本质：被压抑的愿望的满足。随后，他在神经症症状、过失、遗忘、幻想等现象中也发现了压抑的愿望，并在此基础上构建了他的精神分析学说。

第三章

幻想

幻想的意义

正如大多数人会做梦但不留意一样，幻想也经常会在脑海中闪现，但人们往往与它失之交臂。弗洛伊德在《作家与白日梦》中写道："我相信大多数人都在他们生活中的某时某刻构造幻想。这是一个长期以来被忽视的事实，因此，它的重要性也就未被充分地认识到。"

你是否曾经有过栩栩如生的幻想，却从未分析过它的意义？或者，你是不是被一些幻想折磨，沉浸其中难以自拔？如果你留意自己，你会发现幻想并不少见。有些幻想曾经伴随着你很长时间，在某些心境下反复地出现；有些则是新近出现的，反映了某个情景下的心理状态。

一个年轻女子的脑海中时不时地冒出这样一幅画面："空旷的、像20世纪七八十年代那样的大礼堂，是那种只有一层楼的，很长、很大的房间。我站在礼堂中间靠近墙的位置。里面什么都没有，像一个闲置的仓库。"整个画面给她悲凉、悲伤的感觉。出于工作原因，她长期出差在外，与家人分离，与周围人基本没有交流，她经常感到孤独无助，这个幻想呈现了这种情感。深入分析后发现，孤独感一直伴随着她的童年，她已经记不清是从什么时候开始出现这样的幻想，只记得这个幻想会不由自主地浮现在脑海里。

在当代的精神分析学家中，幻想的作用越来越被人们所重视。从某种程度来说，“幻想比思想更原始，它们提供了我们经验和需求的心理表征；它们定义了我们用来理解我们的世界而无须思考的假设”（参见《作家与白日梦》）。精神分析克莱因学派将来自0—3岁婴幼儿的潜意识幻想置于一个相当重要的位置。在心理咨询的过程中，一位心理咨询师越能捕捉来访者问题背后的潜意识幻想，就越能理解幻想的意义并对其进行分析，也越能深入地理解来访者的内心世界。

有些幻想在意识层面，能够被我们觉察和报告出来，称为“有意识幻想”（fantasy），包括白日梦、走神、心智游移（mind wandering）等。更多的幻想在潜意识层面，称为“潜意识幻想”（phantasy），它们往往不能被清晰地意识到，但对人的行为、信念、思想、态度起到决定性的作用。潜意识幻想并不能直接被识别，往往需要一番努力才能被意识所接受，更多的潜意识幻想只能通过推测来知晓。有意识幻想与潜意识幻想是相互转化的关系，一些有意识幻想被压抑后变成潜意识幻想，潜意识幻想对有意识幻想有一种推波助澜的作用，为后者提供动力。

幻想的背后往往有一种或几种心理需要的缺失，从而形成某些心理主题。一个在单亲家庭长大的孩子经常和朋友们说：

“我妈妈很厉害，我爸爸是科学家，他们非常爱我，每年过生日时都会请很多亲戚朋友过来。”现实的情况是，父母在很早时就离婚了，而且父亲几乎没来看过她，这个自欺欺人的幻想补偿了现实生活中孩子对完整家庭的缺失感。一个青春期的男孩暑假在家参加田间劳动，又累又苦，他讨厌这样单调乏味的劳动和生活。他有时会幻想他一直喜欢的年轻温柔的班主任突然出现在面前，看到他如此辛苦地劳动，女老师用赞许的眼神看着他，充满怜爱地说：“没想到你这么能吃苦，真是太不简单了。”这个幻想让他感受到希望，为自己的吃苦耐劳而自豪。与这个幻想完全不同的是，他的需要和痛苦总是被父母所忽略，他不得不承受繁重的体力劳动，却很少得到父母的赞扬；同时，他也不敢让父母知道他的真实感受，因为那只会招来父母的拒绝与批评。

幻想背后的心理主题也可以在梦、症状、感受和记忆中呈现。某个男生的幻想中经常出现的主题是竞争：通过努力，他打败了别人，最终证明他才是最优秀、最厉害的，或者是最有道德感的。同样地，在他梦中也经常会出现竞争的主题。让他产生痛苦感受的生活情景，往往也与竞争失利、别人比他更受欢迎有关。这是他幼时心理创伤的呈现，在他的成长过程中，父亲总是忽略他，在情感上拒绝他，很少肯定他，他一直渴望父亲的爱和认可，却很少有这样的满足。因此，他无法确信自己真的被父亲所喜欢，这成为他竞争心理的来源，他需要通过打败别人来确立自己的价值。

幻想既可以是一个生动的剧情或故事、一些形象，也可以是一首自动加工形成的歌曲。克莱因学派学者席珂曾记载这样一个例子。

看着外面的雨，一个作家朋友告诉我，他发现自己在不自觉地哼唱“哦，哦，不，别让雨下来”。他感到困惑，因为他发现下雨时写作更容易。当我问他这首歌后面是怎么唱的，他说“我的屋顶上有个洞，我可能会淹死”时，他才想起一个屋顶工告诉他应该对屋顶的状况做些什么，这让他很担心。一段时间后，他提醒我，他的母亲最近中风了，他把她想象成脑洞。我猜想，如果她死了，他会不会被眼泪淹死。“哦，不”在这里说得通。从一首简单的歌曲中回溯，我们发现潜在的焦虑可以用具体的图像来表达。这首歌以一种伪装的方式（神奇地）阻止他焦虑和担忧他母亲的死亡，并让他继续工作。（引自*Ideas in Psychoanalysis Phantasy*）

作家在脑海里冒出了一首歌的旋律，歌词是他不自觉地编写的，这是通过幻想创作的。这个幻想的意义在于：他的大脑利用最近发生的事件（屋顶工告诉他的话）和以前听过的歌曲的旋律，并用一种隐喻（屋顶的漏洞隐喻了母亲头部的“洞”），以及潜意识的魔法思维（可以通过说“哦，不”来阻止母亲的死亡），表达对母亲生病的焦虑，以及渴望她身体健康的愿望。从这个幻想中我们不难发现，是潜在的愿望和心理冲突推动了幻想的形成，幻想中也有潜意识思维的特点，并使用移置、象征、凝缩等机制，最终形成某种意识化的幻想（白日梦）或潜意识里的幻想。

一般来说，把幻想写下来或说出来，在此基础上让它得到分析和理解，以及在现实生活中获得充分的满足，那么，用于幻想的心理能量就减弱了，人便可以把更多的精力投入于现实的工作、学习或创造。不过，成年人往往不太愿意告诉别人自己的幻想，会想方设法掩藏自己的幻想，使其成为内心的秘密并为症状的持续形成提供心理能量。有些人受到强迫型幻想的左右，整天沉浸于无法停止的幻想中，此时，幻想不但不能带来满足，反而会带来强烈的精神痛苦。

白日梦

有意识幻想最典型的就是白日梦（daydreaming），这是很多人，特别是儿童与青少年经常会有的体验，往往在不知不觉时，他们沉浸于某些想象的情节中，甚至还会伴随着身体的活动，如来回踱步、身体摇摆、喃喃自语、不自觉地微笑等。在大街上，我们偶尔会看到某人在边走边笑，他一定沉浸在开心的白日梦中。适当的白日梦有很多益处：提升创造力，解决问题，计划未来，减少负面情绪，提升幸福感……

白日梦是通俗小说创作以及被人喜欢的重要原因。一般来说，由男性作家创作的、男性喜欢阅读的通俗小说，其中的男主人公必然英俊潇洒或者忠厚善良，从最初的落魄或遭人误解，到巧遇贵人相助，战胜种种困难，最终练得绝世武功，或者拥有至高的地位、大量的钱财，成就非凡的功绩，而且必定会有一个或几个美妙女子为他痴心不改。武侠小说是其中的代表。而由女性作家创作的小说，一般有一个美丽而多愁善感的女子，和几个玉树临风、温柔贴心，或者冷酷到底的男子，经过种种惊心动魄、分分合合的经历，最后有情人终成眷属，或者留下永远的遗憾。言情小说就是其中的代表。（引自《白日梦——金庸武侠小说的实质》）这些小说本质上是以白日梦为底子，再加上诸多加工后形成的，它们建立了一个远离现实、充满想象和梦魇的幻想世界。这些幻想既是创作者内心幻想的呈现，也能满足读者的幻想，双方通过作品共同进入一个幻想的世界，得到一种想象的满足。

在白日梦中，隐藏着一些没有得到满足的心理需要，像自恋的需要、性的需要、报复的需要等。由于现实的约束，人类的本我欲望无法得到彻底的满足，因此白日梦，以及睡眠中的梦境不会停止，这些欲望在梦或白日梦中得到呈现、表达和宣泄。被压抑的欲望随时会根据现在的一些素材进行加工，将现实经历进行修改、分层、掩饰，最终形成有画面感或故事感的场景。而白日梦的场景也会随着生活材料或经历的改变而改变。弗洛伊德举了一个具体的例子。

我们以一个贫穷的孤儿为例，你给他某个雇主的地址，他也许在那里能够找到一份工作。在去看雇主的路上，他可能沉浸于产生与当时情景相适应的白日梦之中。他幻想的事情或许是这样的：他找到了工作，并且得到新雇主的器重，自己成为企业里举足轻重、不可或缺的人物，继而被雇主的家庭所接纳，和这家年轻貌美的女儿结了婚，随后成为企业的董事长，起初是作为雇主的合股人，而后就成了他的继承人。（引自《作家与白日梦》）

弗洛伊德认为，在这个白日梦中，这位年轻男子重新获得他在幸福的童年曾拥有的东西——庇护他的家庭，疼爱他的双亲以及他一见钟情的妙龄佳人。我们可以发现，愿望利用一个现实的生活事件，在过去经历的基础上描绘出未来的白日梦画面。

白日梦的形式和内容是丰富多彩的，但从主题来说，有三类比较常见的白日梦：自恋的白日梦、报复的白日梦、性幻想。当白日梦过于频繁而无法自控时，便是最近越来越被人认识到的一种心理症状：强迫型白日梦。

自恋的白日梦

我们可以从一位年轻男子的白日梦中发现自恋的主题。每当工作遇到困难，或者在公交车上无所事事等情况下，他就会自动地切换到白日梦的状态。白日梦的场景包括：

（1）通过苦练，我的篮球技能突飞猛进，有专业的篮球队邀请我去打球。大家都知道了这个消息，很惊讶，不敢相信。有几个人还不服气，要跟我打比赛。我亮出了看家本领，运球、过人、弹跳、扣篮，旁边观战的女生们尖叫起来。比赛后一帮人跑过来，问我是怎么练的，大家都很惊讶。

（2）晚会表演时，一群健身男在表演舞蹈，里面也有我。事后主持人组织了一个小活动，把我们叫了上去。我会表演各种高难度动作，之后与女生舞蹈团互动，台下尖叫连连。

（3）通过多年苦练计算机技术，我成为电脑高手。一开始很多人并不知道，通过一次偶然的机会，别人发现我是一个电脑高手。某知名企业的总裁知道了我，来到我住的地方，邀请我去带领他的技术队伍。我跟他说了一些我的想法，他觉得我很厉害。我跟他说，我可以去，但不是为了钱，而是想实现个人价值。

在阅读这些幻想时，我们也能有一种快乐的感觉，一种兴奋与自豪感，这便是他在幻想时经常有的情感体验。这些幻想带给他满足，他会长时间沉浸于这些白日梦，他有时也很惊讶为什么总是产生这样的幻想。其实，这些幻想并不是凭空产生的，而是有着发生、发展的过程。

大约从小学开始，他因为优异的成绩以及听话合作的行为，经常受到老师的表扬，并当了班长。他当时是周围大人心目中“别人家的孩子”，成绩好，懂礼貌，严以律己。他回忆起，当得到大人们赞许的评价时，他心里是满足的、喜悦的、自豪的。也是在那段时间，他强烈地感知到，他的好成绩能带给妈妈快乐。平时，妈妈是一个抑郁的人，经常板着脸，满腹心事；当他成绩好时，妈妈会露出微笑，表情放松，这会让他心安。从那时候开始，他经常出现和成功有关的幻想。在内心里，他对未来充满渴望。

但是，从初三开始，他的成绩变得不那么优秀了，高中的成绩也在中等水平，上大学之后，由于长期沉迷于游戏和此类幻想，无论在学业上，还是人际关系上，他都没有什么闪光点。工作之后，他对工作的投入不多，恋爱上也没什么进展。可以说，童年时代无处不在的自恋满足已远离他。现实生活中的不如意，让他的心情时常陷入抑郁的状态。尽管对自己不满意，他却因为抑郁情绪的阻碍，迟迟不能行动起来改变现状。

虽然童年时代的自恋满足已经远去，但此类白日梦留存下来，替代性地满足了现实生活中越来越难以获得的自恋需要。这些白日梦抵消了学习与工作时的无趣和无奈，减轻了现实生活的痛苦，也让他在幻想中保留了高自尊。他的高中、大学生涯，包括他工作的前期，此类白日梦经常会出现；现实越糟糕，白日梦就越频繁。做白日梦时他感到满足和刺激，而白日梦结束之后，他又感到沮丧与空虚。白日梦的世界与现实世界形成了强烈的反差。

也许是因为白日梦的麻痹作用，他在职业发展上一直没有进展。虽然不喜欢现在的工作，但他也不愿意做出改变。他在亲密关系上基本是空白的，白日梦似乎阻碍了他对异性的兴趣。从这个角度来看，白日梦让人们在枯燥痛苦的环境中得到一些心理补偿，而过多的白日梦则会阻碍一个人与现实的关系。

后来，他在职业发展上有了进步，职位得到了提升，他对工作的投入也增加了。与此相伴的是一个可爱的女孩走进了他的生活，他有了一段亲密关系。职业与亲密关系上的投入与成就，使他的心情得到改善，他对未来的希望感增加了。他惊讶地发现，白日梦在逐渐变少，而且他有能力及早地停止白日梦，不再像以往那样沉浸其中，难以自拔。

我们从这个例子中不难发现，自恋的白日梦有一种补偿自尊的作用，是糟糕现实生活的一种心理平衡策略，但这种策略正如游戏成瘾一样，可能让人付出远离生活的代价。案例中的男子有一个抑郁的母亲，他幻想通过自己的成功让母亲开心，这是一些生活在抑郁家庭中的孩子常见的主题。案例中的男子也有成功的童年经历并受到周围人大量的表扬，这种过度强烈的自恋满足容易导致被困在幻想中。对现实中学习、工作和亲密关系的投入，以及伴随的成就感和意义感，有助于此类幻想的缓解。

报复的白日梦

当一个人有某种强烈情绪但没有机会表达出来时，或者压抑了它们，这些情绪往往会在幻想中得到表达，其中，与愤怒、怨恨有关的情绪容易激起报复性的幻想。

曾有一个男子常某当街殴打20年前的班主任张某，引起了社会热议。常某连扇了张某几记耳光，并质问张某：“以前咋削我，还记不记得？”常某因寻衅滋事罪被检方提起公诉。在庭审现场，常某表示，在初中上学的时候，他数次遭受张某的体罚和辱骂，也曾被张某用脚踹头部，一边骂一边打。常某称，这些体罚和辱骂给他带来了很大的心理伤害，十几年都没法消除。“这些对我造成了心理伤害，成年后我都忘不了。”说到这里，常某开始在法庭上痛哭，不停地用手擦拭眼泪。庭审中，常某多次控制不住情绪而痛哭。

根据常某在法庭上的表现来看，他确实受到了精神伤害。我们可以猜测，他在读初中期间，可能长期受到张某的虐待与羞辱，由于恐惧而敢怒不敢言。这些成为他内心的一个伤口。常某可能在初中毕业后的十余年里，经常做报复老师的白日梦，或者每次看到类似的新闻都会唤起他这方面的幻想，直到那天在街上遇到老师后，他有了把幻想付诸行动的机会。我们可以在很多幼时被欺负，或者成年后受到不公正待遇的人身上发现报复性白日梦。

一个男生和他的同学开了一个玩笑，没想到对方生气了，用力地打了男生一拳。当时他感到有些不知所措，一时没有反应过来，只是回到自己的座位上，心里觉得委屈与愤怒。这件事情他一直放不下。他会幻想怎样找到对方，用怎样的方式把对方制服，用力地击打对方，打到他跪地求饶。甚至还会幻想用一种高明的手段让他在地球上消失，但他不会被警察发现。这些幻想像电影那样，自动在脑海中播放、加工，让他体验到强烈的情感满足。每当想起这个人，看到类似的新闻，听到与此事相关的消息，都会激起他这种幻想，有时沉浸其中很长时间，有几次他都差一点儿准备去实施幻想中的计划。

也许你会好奇，对方只是打了他一拳，并没有其他恶意的行为，为什么他会这么在意，这么多年都沉浸于这种报复性的幻想？通过自由联想，他回忆起幼时的受伤事件，主要是在与父亲的关系中，他一直被打击和压迫。童年的很长时间，他不得不承受父母关系糟糕所带来的情绪压力。由于对父亲强烈的恐惧，他没有办法反抗父亲，无力保护母亲，他为自己的怯懦而感到自卑。随着他在初中时住校，这些原生家庭带来的心理创伤逐渐被他淡忘，但高中时被同学打了一拳，内在的创伤又被激活了。他的报复性白日梦之所以无法停止，正源于幼时创伤相伴的强烈怨恨。他幻想着报复那个同学，但他真正怨恨的对象，有可能是他的父亲。

成长在不良家庭氛围中的孩子，有些长期存在对父母的报复性幻想。一位网友写道："每当我取得一些成绩时，母亲就到处跟人夸耀，说我的成就都是因为她。但其实我母亲很情绪化，不辨是非，处事懦弱，对我很刻薄，还喜欢推卸责任。我有时经常会冒出极端的幻想：杀死自己证明母亲是错的，她的人生是失败的。"有时，她还会幻想通过报复性的成功来打败父母，证明没有他们，自己照样可以活得很好。一些出现自杀想法的人往往会幻想自杀之后周围人的反应，从中不难发现他们与父母的关系。一个长期存在自杀念头的大学生谈论了他的幻想。

我突然跳到一条清澈的河里，淹死了。我能够看到我自己，我很高兴。我看到他们从河里把我捞出来，在灵堂里念叨我。我弟弟趴在我身上说："哥啊，你怎么走得这么早？"我心想，有什么好哭的。在幻想里还有很多朋友在一起悼念我。我在那里偷笑，心想，这些家伙，有什么好哭的。

在这个幻想里，出现了记挂他的弟弟和朋友，却没有出现他的父母。这位大学生的家庭非常糟糕，母亲与父亲、其他亲戚的关系一直很对立，成长过程中，争吵、站队、冷战是家常便饭。他内心非常厌恶自己的父母。读大学后，他经常出现自杀言行，想通过这些言行去报复父母。从这个幻想中不难看到父母的冷漠，以及他对父母的怨恨：他连死时都不想让父母出现。同样地，一个年轻女子结束了自己的生命，在遗书中她提到了亲戚、老师、同学、朋友，以及对人生的感悟，唯独没有提到自己的父母，没有对父母的任何交代。

报复性白日梦反映了内在受伤的自我，这个受伤的自我既可能来源于当前事件的冲击，也可能唤起了某个潜在的心理创伤及其伴随的怨恨。报复性白日梦也能映射出梦者内在的无力感，这种无力感曾经很长时间纠缠着他们。在幻想中，幻想者变得充满力量或暴力，补偿了真实情景中的无力感。

性幻想

性幻想是指人在脑海中自然唤起的与性有关的想象、情节或故事。在性幻想的过程中，往往有性欲望的唤起，并可能导致随后的性行为。性幻想的对象既可以是自己的爱人，也可以是身边的同学、朋友、亲戚（往往令幻想者难堪和痛苦），或者是明星、偶像，甚至可能是大街上刚看到的陌生人。性幻想的内容，除了较多的两性之爱，还包括其他的性满足方式。人类形形色色的性满足方式，都可以在性幻想中呈现。大部分人只是停留在幻想层面，而有些性倒错者，可能将幻想付诸实际行动。

在电影《西西里的美丽传说》中，成熟性感的玛莲娜是13岁少年雷纳多的性幻想对象。雷纳多和他的伙伴每天最渴望的事情，就是在玛莲娜外出时，一睹她的芳容，并展开丰富的想象。

有些人的性幻想非常频繁与持久，这成为困扰他们的问题。性幻想让他们暂时脱离了当前的困境，如工作不顺、学习困难，或者沮丧、抑郁的心境。久而久之，性幻想成为像游戏或食物成瘾一样的活动，成为他们调节情绪的方式。另外，一些人过度的性幻想也反映了在整合性与爱的感觉上出现了困难：要么有性没有爱，要么有爱没有性。他们通过强烈的性幻想或性行为，防御着让他们畏惧的爱的情感。相反地，一个在整合性与爱上没有困难的人，他的性幻想则没有那么明显的强迫性。

性幻想存在着明显的年龄和性别差异。在做爱过程中有性幻想的人，男性明显高于女性。青春期之后，随着年龄的增长，性幻想的比例逐渐下降。某研究发现，异性恋的男性与女性有4个最喜欢的幻想主题：一是与过去、现在或假想的情人发生性关系；二是与性能力强以及极具诱惑力的人发生性关系；三是想象新的花样或体位；四是以被动支配或主动控制的角色进行的性行为。（参见《性幻想那些事：没那么污，男女存在差异》）

性幻想会与迫害幻想结合在一起，在一些女性的被强暴幻想中我们可以看到这种结合。有些女性会幻想自己被强迫进行性行为，深信自己是一个被男性渴望的有魅力的女人。根据调查，这样的幻想并不少见。调查还特别强调，这些幻想与其说是有意识的、精心策划的，不如说更像一个懵懂暧昧的白日梦。

在这样的幻想里，强暴行为按女性的意愿进行设计，表面上是强暴，其实是一种伤害性受控的性行为。被强暴幻想更容易出现在一些在性道德上束缚很多，或者日常生活中性满足不够的女性身上。通过想象被强暴的情景，她们成为受害者，因此不需要对自己的行为负责。她们在幻想中以受害者的身份脱离了道德的约束，便可以尽情地满足一直被压抑的性欲望。

强迫型白日梦

可控的白日梦可谓生活的调味品，就像戏剧、小说、电影一样，能够带给人愉悦和满足。生活中有的人有些难以控制的白日梦，他们从大量的白日梦中得到极大的满足，但又因为过多的白日梦逃避现实生活，干扰了学业和工作，就像游戏成瘾一样，白日梦成为他们欲罢不能的活动。这种情况被称为非适应性白日梦（maladaptive daydreaming, MD），又称为强迫型幻想（compulsive fantasy）。这些人过度沉浸于内在幻想世界，导致其在社会交往、职业生涯或其他重要领域等现实生活情境中出现明显的适应障碍。一位研究者记录了两个受到非适应性白日梦困扰的个案情况。

个案1：“我的白日梦里有35个不同的角色。他们从小就和我在一起。我记得有一次我的心是孤独的，只有我自己。他们一直在那里。我所有的白日梦都围绕着这35个角色。他们生活在非虚构城市和非虚构城镇中。”

个案2：“它阻止了我与现实世界、现实中的人交流。我和家人的关系从好变坏，因为我不经常和他们说话，因为我会把自己锁在房间里……我的学习成绩恶化了。我不能专心学习。为了融入我的世界，我经常逃学。”（引自*Maladaptive daydreaming: Evidence for an under-researched mental health disorder*）

MD 是一种行为成瘾，患者会持续数小时沉浸在内心世界里，建构高度结构化的内在世界和生动的人物角色，患者本人是这个内在世界中某个理想化的角色，如音乐家、电影明星或英雄人物。虽然 MD 患者不会把幻想和现实混为一谈，但他们的正常生活会因为这样的白日梦而受到困扰。这种上瘾的幻想通常由引人入胜的音乐和重复的身体运动（如踱步或摇摆）触发或维持。

学者索梅尔（2002）首先引入了MD的概念，他将其定义为“广泛的幻想活动，取代人类互动和/或干扰学术、人际或职业功能”（引自*Maladaptive daydreaming: A qualitative inquiry*）。MD幻想的场景通常涉及胜任感、社会认知和社会支持的情感补偿等主题，它的主要功能在于通过友谊、创造和安慰来提升情绪和满足愿望，让个体从压力和痛苦中解脱出来。

研究表明，MD患者在白日梦的数量、内容、可控性、痛苦和对生活功能的干扰等方面与正常人有显著的差异。MD患者比对照组更容易出现注意力缺陷、强迫症状和分离症状，但在测量精神病的项目上没有大的差异。

在白日梦的内容方面，MD患者与正常人之间的差异是（引自*Maladaptive daydreaming: Evidence for an under-researched mental health disorder*）：MD患者的白日梦更加精彩，有虚构人物和精心设计的情节，经常发生在不同的时间段或使用特定的虚构体裁（如卡通、科幻等），而正常人的白日梦是基于现实或愿望实现，通常没有虚构人物，而是身边熟悉的人，或者他们自己。MD患者中幻想更具娱乐性和创造性，这可能有助于解释为什么这种白日梦的方式更令人愉快，也更难抑制。

MD患者的白日梦的深度和淹没性更强，他们似乎有能力完全沉浸在一个白日梦的世界中，这是一种在另一个自我描述的世界中获得存在感的能力，它是如此具有诱惑力，以致难以戒除。一位MD患者经常会对自己说：“我最后一次再幻想一下吧，明天开始就彻底戒掉。”但日复一日地被白日梦困扰。一位痛苦的MD患者总结了这样的恶性循环：糟糕的现状——幻想的满足——现实更糟糕——通过幻想满足并逃离现实——幻想失控并带来更加糟糕的现实——痛苦甚至绝望——继续幻想……看来，通过幻想来解除现实压力，正如通过酒精或游戏成瘾来逃避现实一样，最终会成为一种无法摆脱的心理症状。

现有的对MD的研究更多地聚焦于对这种障碍的性质、幻想的内容、对日常生活的影响等，对于MD的治疗则涉及不多。所以形成了一个很有趣的现象：一方面，互联网上充斥着被幻想所困的MD患者；另一方面，没有相应的治疗人员和系统的治疗方案。而且，很少会有人因为过度白日梦来寻求心理咨询的帮助，他们往往是以情绪、关系、压力等方面的问题前来求助，在访谈中才逐渐告知深受某些幻想的困扰。而且，他们也不太愿意告知咨询师关于白日梦的具体细节（有些内容他们深以为耻），白日梦成为他们私密的世界，很难与人面对面分享。

白日梦是人类的福利，让人在糟糕的现实中得到幻想的空间，创造一些难得的快乐，也成为某些文艺作品创作的来源，并有一定的心理疗愈和自我探索意义，但过多的失控的白日梦反而会成为痛苦的来源。对于MD患者来说，如果在合适的场景说出白日梦，认识它的心理意义，并在现实生活中得到合理的愿望满足和情感表达，那么，过多的、失控的白日梦会逐渐减少。白日梦也好，游戏也好，它们可以有益于身心健康，但过度则会成为新的痛苦来源。因此，可以通过表达和探索去整合这种异己的心理存在。

潜意识幻想

那些不能被有意识地觉察，压抑在潜意识中的幻想，称为潜意识幻想，它有两种来源："潜意识幻想可能既完全属于潜意识的，其发生与形成都在潜意识之中；但也可能是曾经的意识内容——白日梦——在遭到有目的的遗忘之后，被压抑作用驱入潜意识中（这后一种情况是更为常见的）的结果。"（引自 *Hysterical phantasies and their relation to bisexuality*）潜意识幻想的内容，既可能保持不变，也可能会有变化。

在从事神经症心理治疗的初期，弗洛伊德的病人向他报告了幼时曾经被亲人性伤害，如父亲诱奸女儿、长辈性侵儿童等，弗洛伊德认为是这些无法忍受的创伤记忆转化成了神经症症状，这是神经症的创伤致病说的来源。直到1897年，他惊讶地认识到，许多有关创伤的记忆，特别是癔症病人描述的性虐待记忆，并非真实的事件，多半具有幻想的成分。弗洛伊德在后续的观察中不断地领悟到，女孩有与父亲发生性关系的幻想，男孩有与母亲发生性关系的幻想，两性都有杀死父母的幻想，并将其命名为“俄狄浦斯情结”。不过，俄狄浦斯的幻想往往通过艺术加工的方式，以一些伪装的形式得以表达，而不会赤裸裸地呈现在意识里。比如，弗洛伊德的这些癔症病人幻想的父亲诱奸女儿、长辈性侵儿童的情景，只是以伪装的形式表达了儿童对于双亲或长辈的性渴望；童年期的俄狄浦斯的幻想已经被压抑到潜意识中，浮现在意识里的是父亲诱奸女儿、长辈性侵儿童这样的幻想画面。

潜意识幻想的主题非常广泛，包括性、出生创伤、子宫内生活、原初场景、阉割和诱奸（引自*Ideas in Psychoanalysis Phantasy*），由于这些主题的意识化会唤起强烈的焦虑，因此它们往往被压抑。象征、凝缩、移置、隐喻等心理机制均可作为伪装的手段来阻碍潜意识幻想的浮现，并衍生为各种有意识的幻想或症状等。在治疗的过程中，分析师通过揭露影响病人的相关潜意识幻想，了解潜意识幻想的心理意义，就可以解析病人的症状、情绪、性格特质和其他临床表现。我们来谈一谈与这种心理症状相关的、普遍存在的四种潜意识幻想：俄狄浦斯幻想、阉割幻想、全能幻想、迫害幻想。

俄狄浦斯幻想

俄狄浦斯情结是弗洛伊德在自我分析以及治疗病人时发现的现象，指的是儿童对于异性父母性的渴望，以及与同性父母竞争，对其排斥，甚至杀戮的冲动。3—6岁时，随着孩子性别意识的形成和性欲望的活跃，俄狄浦斯冲突进入高峰时期，这会带给一些儿童极大的困扰，毕竟，这是一个在现实中难以实现的、在道德层面被禁止的愿望。

弗洛伊德曾经对一位受到恐惧症折磨的5岁男童（小汉斯）进行分析，发现症状背后对应的正是俄狄浦斯幻想。小汉斯幻想的内容五花八门，但主题万变不离其宗，呈现了一个小男孩在俄狄浦斯期对母亲的欲望，对父亲的害怕，以及对惩罚的恐惧等。

小汉斯的父亲是弗洛伊德的崇拜者，为了治疗儿子的恐惧症，他与弗洛伊德两人创造了一种治疗方式。父亲与儿子经常性地进行交流，了解儿子的想法、愿望、幻想，然后将谈论的结果反馈给弗洛伊德。弗洛伊德对这些谈话内容进行分析，给予相应的解释与指导，让父亲通过与儿子的对话做出适当的干预。最终，通过一段时间的交流，小汉斯的恐惧症消失了。弗洛伊德将此过程写成《关于一名五岁男童的恐惧症的分析报告》(参见《弗洛伊德五大心理治疗案例》)。

多年后，当身材魁梧的19岁的小汉斯再次站在他面前时，弗洛伊德非常惊讶。而且他高兴地了解到，小汉斯很健康，虽然经历了父母离婚并各自组建家庭，但他能够独自生活，并与父母都保持了相当好的关系。成年后的汉斯向弗洛伊德反馈说，当他读到这本与自己有关的书时，他感觉就像是在读一个陌生人的故事，他完全认不出自己了，相关的事情他一点儿也想不起来。由此可见，童年时代的幻想已经被压抑到潜意识中，很多内容可能再也回忆不起来。

我们来具体看一看小汉斯当时的情况。不到5岁的他很迷恋母亲，同时，他也很爱自己的父亲，因为父亲一直和他关系很好，两人相处愉快。在俄狄浦斯冲突的高峰时期，小汉斯想独占母亲的愿望与对父亲的爱组成了无法解决的心理冲突。对父亲的敌意让他忧心忡忡，他害怕受到父亲的报复，发展到最后，他得了恐惧症，对马和马车产生了强烈的恐惧，也怕洗澡的时候掉到浴缸，还怕铁路和火车，怕去公园。因为这些恐惧，他不敢出门，不敢一个人睡觉。

耐心的父亲在弗洛伊德的指导下经常跟儿子谈话，谈话中发现了他的几个幻想，这些幻想呈现出一个发展变化的过程，也在幻想中，小汉斯最终解决了他的心理冲突。

最初的几个幻想表达了小汉斯强烈的恋母情结。比如，他幻想有一群孩子，他把孩子们带进厕所，看着他们大小便，给他们擦屁股——简言之，他做了母亲为他做过的一切。幻想中这些孩子是他与母亲一起生下的，这便是恋母愿望的变形。小汉斯的另一个幻想同样表达了这种愿望：

“昨晚上有两只长颈鹿在我屋子里，一只很大，另一只是皱巴巴的。当我把那只皱巴巴的带走的时候，那只很大的就叫唤起来。然后它就停止出声了。然后我就坐在那只皱巴巴的身上了。”（引自《弗洛伊德五大心理治疗案例》）

父亲在与小汉斯交流后发现：“那只大的长颈鹿就是我，或者更准确地说，是我的生殖器（长脖子）；那只皱巴巴的则是我妻子，或者更准确地说是她的性器官——这就是我给汉斯的性启蒙造成的结果。”幻想中的小汉斯坐在了皱巴巴的长颈鹿身上，象征了对母亲的性占有。在那段时间，小汉斯经常会在早上醒来后到父母的房间，并要求跟母亲睡在一起。父亲不同意他这样做，有时还会把他赶回他的卧室，但他的母亲并不干涉，幻想中呈现了类似的情景。至于为什么幻想中的长颈鹿指代小汉斯的父母，这其实是初级思维中的象征机制，起到一种伪装的作用。

那么，如果他与母亲结婚了，父亲怎么办呢？这种行为能被允许吗？这带给小汉斯强烈的焦虑与恐惧。那段时间，小汉斯表现出对马的恐惧症，他害怕马会来咬他，后来他害怕马会意外摔倒而死亡，这里的马其实代表了小汉斯的父亲（同样是一种象征）。他害怕因为他对父亲的敌意，对母亲性的欲望，会遭到父亲的报复和惩罚（马会咬他），他害怕他对父亲的敌意会成为现实（马摔倒并死去）。这段时期的心理冲突，让小汉斯逐渐建立起关于性禁忌的力量，他越来越意识到权威（父亲）的力量。我们可以从父亲的观察中发现这种转变。

一大清早汉斯就过来对我说：“爸爸，今天我想到两件事情。第一件是我和你一起在谢布鲁恩公园看羊。我们从绳子下面爬了过去，然后我们把自己做的事情告诉了站在公园入口的警察，他把我们抓起来了。”而第二件事情则被他忘了。在这里，我要补充一下，在星期日，当我们想去看羊的时候，那个地区正被一条绳子封锁着，我们没能进去。汉斯感到很惊异：单靠一条绳子就可以把一个地区封锁起来吗？要知道，人可以很容易地从绳子下面钻过去。他说要那样做是很容易的，而我则回答说，如果他那样做，警察就会来抓走他。在谢布鲁恩公园的入口处正有一个皇家守卫在值勤，我曾告诉汉斯，那个守卫会把淘气的孩子抓走。（引自《弗洛伊德五大心理治疗案例》）

小汉斯所说的穿过绳子而被警察抓住的事情，并没有真实发生过，而是来自他的幻想。穿过绳子进入被禁止的区域，象征了小汉斯想做一件被禁止的事情（占有母亲），而警察把他抓了起来，则代表父亲会对他这样的行为施加惩罚。这是小汉斯在努力应对当时活跃的俄狄浦斯冲突，他已经认识到这种愿望是需要被禁止的。在幻想中，小汉斯与父亲一起被警察抓了起来，这是一种伪装机制，掩藏了重点。

经过一番痛苦的挣扎，以及被神经症症状折磨的痛苦，聪明的小汉斯最终在幻想中解决了这个冲突，我们可以从小汉斯与他父亲的一段对话中发现他的解决方案。

汉斯再次和他想象中的孩子们在一起玩。于是我对他说：“你的孩子们怎么还在？你知道的，男孩不能生孩子。”

汉斯：“我知道。以前我是妈妈，可现在我是爸爸了。”

我："那么谁是这些孩子的妈妈呢？"

汉斯："当然是妈咪了。你是他们的祖父。"

我："我知道了，你想长得像我一样高，还想和妈咪结婚，那样她就会生孩子了。"

汉斯："对，我希望那样。朗斯的奶奶（我的母亲）可以做他们的祖母。"（引自《弗洛伊德五大心理治疗案例》）

看到这段父子之间的对话，弗洛伊德兴奋地评论道："一切圆满结束。我们这个年轻的俄狄浦斯在命运指定的方向之外，为自己的困境找到了更圆满的解决方式。他非但没有弑杀自己的父亲，还按照自己的愿望为他安排了一个美满的结局。他把父亲封为祖父，还让父亲和其母亲结合了。"随着俄狄浦斯情结的消解，小汉斯走出了恐惧症的折磨，他能够与家人外出散步，对马的恐惧也不再那么强烈了。一段时间后，他意识到这些曾经出现过的心理症状，只是自己一时的胡思乱想罢了。

一方面压抑的俄狄浦斯冲动广泛存在，另一方面人的道德感不允许这些"离经叛道"的东西表达出来，所以，通过艺术加工之后俄狄浦斯幻想更能被人们接受，人们可以绕过道德的指责并间接地满足俄狄浦斯愿望，这也许是一些广为流传的文艺作品背后的心理原因。

在西方童话故事《灰姑娘》中，母亲被分为好母亲（已经去世）和坏继母（仍然活着）。两者都是理想主义和不切实际的，现实的母亲往往既令女儿依赖和喜欢，又令女儿害怕或反感，不过，通过这样的艺术加工（掩饰和伪装），对母亲的敌意有了正当的表达途径。在故事中，对母亲恨的部分被巧妙地以“坏继母”的形象得以表达，灰姑娘受到继母的虐待，是以一种反转的方式表达了女儿对母亲的敌意（“妈妈太坏了”）。对母亲爱的部分会以“神仙教母”的形象存在，她总能给灰姑娘力所能及的帮助，协助她找到心爱的王子。这样的故事会被孩子喜欢，原因之一是在读这个故事时，一个小女孩用幻想般的方式认同灰姑娘，以正义及受害者的形象，享受战胜母亲（坏继母）和同胞（两个经常欺负她的姐姐）的快乐，与父亲结婚（故事中的王子，也就是未来的国王）而无须受到道德惩罚。

在中国的童话故事《哪吒闹海》中，哪吒打死了东海龙王为非作歹的三太子敖丙，东海龙王降罪于哪吒的父亲托塔天王李靖，随即兴风作浪，危害陈塘关百姓。李靖为了让哪吒不再连累当地百姓，打算把他杀了。哪吒不愿牵连父母，于是自己剖腹、剜肠、剔骨，把自己的生命还给了父母。后来太乙真人取荷藕做他的骨骼，荷叶做他的肌肉，使哪吒起死回生。最终哪吒大闹东海，砸了龙宫，捉了龙王，保护了一方乡亲。

这个故事反映了一个男孩的俄狄浦斯幻想。幻想中的李天王不能保护陈塘关的百姓，同时又非常专制和残暴（龙王代表了父亲坏的一面）。哪吒通过打败龙王，拯救了父母和当地老百姓，同样以正义与受害者的形象，表达了很多男孩的俄狄浦斯愿望。故事中的太乙真人是好父亲的象征（童话故事中有一个坏父亲，也会有一个对应的好父亲，这是一种分裂机制），通过对父亲形象的分裂，哪吒化身为一个拯救者，与父亲竞争与对其攻击的欲望，以及对母亲爱的渴望，便可以绕开道德的束缚，得到伪装的满足。在故事中，是他保护了陈塘关的百姓，他做了父亲该做而没有做到的事情，在象征意义上替代了父亲。

童年时代的俄狄浦斯幻想及其解决的程度往往会影响一个人将来的事业发展，以及与权威的关系。一个青春期的男孩经常出现的幻想是：父亲意外去世，家里只剩下他、妈妈和妹妹，他愿意为了家承担责任，去赚钱养活全家人。这个幻想其实是童年期俄狄浦斯幻想的变形，他仍然执着于与父亲的竞争和敌对的关系中，只是父亲一直活得好好的，他总感到被父亲压迫。他成了家庭里应付着做事的角色，而没有主动参与的热情和责任，家庭生活让他窒息。这种状态延续到他的职场，他一般是被动的角色，很少会主动承担责任，他对领导总是敬而远之。他幻想的是，如果他成为公司的主要负责人，或者被上级重视，他才愿意发挥自己的能力。不过，他并没有积极地行动起来以得到上级的认可，正如幼时他没有向父亲学习以得到认可一样。我们不难发现，与父亲未解决的竞争和敌对关系阻碍了他的职业发展。

一些心理症状背后也存在着压抑的俄狄浦斯幻想。一位强迫症患者离家时总是反复检查家里的煤气开关，因为他担心万一没关煤气开关家里会失火，他的脑海中会冒出房子着火的画面。他意识里知道危险应该不存在，但难以放下这些担忧，于是，他不得不反复检查。深入探索后发现，房子是父亲的财产，他幻想房子烧毁后父亲会一蹶不振，这样就满足了打败父亲的愿望，而打败父亲的愿望又跟他在童年期与父亲的糟糕关系有关。童年期的俄狄浦斯冲突已经被压抑在潜意识里，却以变形的方式成为一种无法自控的房子被烧的幻想，并需要以强迫性的检查来应对。

阉割幻想

在很多文化中，男孩比女孩有更优越的地位。大人们会开心地表达对男孩生殖器的肯定，而女孩对自己的生殖器则普遍存在羞耻感。此外，女性生殖器时常被用作骂人的词汇。

在文化潜移默化的影响下，一些小男孩逐渐形成了阴茎优越感，以及对于女孩生殖器的鄙视感。当小男孩发现女孩没有阴茎时，他可能会错误地认为是被大人割掉了，由此他会害怕失去自己的阴茎。特别是当周围大人发出此类威胁时，更会加重男孩的阉割焦虑。一些女孩会形成对于自身生殖器的劣等感，渴望拥有好的阴茎以填补自身的缺陷，这些愿望会以变形的方式存在。同样在3—6岁的年龄，当儿童有了充分的性别意识之后，这种对于生殖器的复杂情感会使一些儿童困惑并形成阉割情结，与之相伴的是阉割方面的幻想。

可爱的小汉斯也同样被阉割幻想所困扰。3岁以前，小汉斯想当然地认为每个人都跟他一样有小鸡鸡。3岁半的时候，妹妹出生了，他意外地发现她没有小鸡鸡，这激发了他对阴茎强烈的兴趣。3岁9个月的时候，他仍然坚信妈妈有小鸡鸡，并且认定妈妈的小鸡鸡跟马一样大。后来，在弗洛伊德的建议下，汉斯的父亲给他上了一堂性启蒙课，他才知道男女生殖器的差别。不过，这让他产生了新的焦虑：小鸡鸡是否会被割掉？父亲记录了小汉斯的一个幻想，我们能看到阉割焦虑的变形。

汉斯又在早晨进入我们的房间。他告诉我："爸爸，我想到了一些事情：当我正坐在浴缸里的时候，水管工来了，他要拆掉浴缸。他拿出了一把很大的螺丝刀，还用它戳我的肚子。"（引自《弗洛伊德五大心理治疗案例》）

在这个幻想里，大浴缸代表的是"屁股"，而螺丝刀代表阉割用的器材，这个幻想呈现了汉斯的阉割焦虑（拆掉浴缸）。这个幻想的另一个意义和出生有关，小汉斯隐约地感觉到是父亲的阴茎（螺丝刀）"戳"了母亲（浴缸可代表母亲的子宫）并生下了他。大约20天之后，汉斯的幻想有了变化，他告诉爸爸：

"我记得是水管工来了，他带着一把大钳子。他先是把我的屁股卸了下来，换了一个新的，然后又换了我的小鸡鸡。他说：'我们来看看你的屁股。'而我则不得不转过身去，于是他就把我的屁股拿走了。然后他又说：'我们来看看你的小鸡鸡。'"（引自《弗洛伊德五大心理治疗案例》）

小汉斯的父亲立即把握住这个愿望幻想的实质，并毫不犹豫地对其作出解释，于是有了下面的对话。

我说：“他给你换上了更大的屁股和更大的小鸡鸡。”

汉斯：“是的。”

我：“就像爸爸的一样，对吗？因为你想自己做爸爸。”

汉斯：“是的，而且我还想像你那样长出一把小胡子，还要像你一样的毛。”（指着我的胸毛）（引自《弗洛伊德五大心理治疗案例》）

关于水管工的第二个幻想表明，他已经克服阉割情结中伴随的焦虑，这也反过来帮助他去面对想象中的恐惧。在他看来，虽然水管工取走了他的屁股（阴茎），但只是为了给他换上一个更大的。就这样，通过对父亲的认同，汉斯缓解了阉割焦虑。我们不难发现，当给予一个安全的讨论性的环境（汉斯父亲一直耐心地陪伴儿子这段俄狄浦斯冲突的时光），孩子自己就有能力解决心理冲突。

当然，并不是每个孩子都能那么幸运地解决阉割焦虑，未解决的阉割焦虑同样会被压抑到潜意识里，以变形的方式呈现为一些有意识的幻想，或者发展为神经症症状。在弗洛伊德看来，阉割焦虑及其伴随的幻想是导致神经症的关键因素。

一个男子在15岁时因读到一篇“缩阳入腹，致死”的文章，误认为自己的阴茎很有可能缩入腹内，并导致死亡。从那以后，他开始了漫长的焦虑期，直到3年后，他找到医生咨询得知，缩阳入腹是不可能的事，他才缓解了焦虑。这个“缩阳入腹”的幻想其实就是阉割幻想的变形。如果探索这个男子俄狄浦斯冲突的经历，也许会发现那时他曾经长期存在过阉割焦虑。

一个30多岁的未婚男子出现了一个心理症状，每当他看到一个漂亮而丰满的女人时（特别是当这个女人拥有丰满的胸部时），便会出现突然的胃部疼痛，像被枪击中了一样。在日常生活中，生性羞涩的他一直没有谈恋爱，但他会不断地幻想被大胸女人崇拜。而现实是，他一直对自己没自信。他预想如果自己去追求那些漂亮的大胸女人，是一定会被拒绝的，所以对大胸女人的性愿望只能停留在幻想的层次而不敢付诸行动。我们逐渐了解到，他运用了一种移置的心理机制：他那么渴望丰满的乳房，其实他真正渴望的并非乳房本身，而是大的阴茎。在他潜意识里有一个等式：大乳房＝大阴茎。在现实中大胸女人经过他身边时，预想中被大胸女人拒绝的感觉让他似乎感到自己的阴茎被阉割了，那种不舒服的感觉被移置到了胃部，转化为一种像被枪击中的疼痛感。（参见*The Psychoanalysis of Symptoms*）

阉割曾经作为一种刑罚在人类社会长期存在，我国著名历史学家司马迁就曾经受过“宫刑”，在封建王朝，太监都是一些被阉割的男子。在现实生活中，当男孩做了一些与性有关的游戏，一些家长也会以阉割相威胁，这些威胁会让有些男孩产生强烈的恐慌，产生阴茎受伤的恐惧。我们在皮克沃斯·法罗的自我分析中不难发现这一点。阉割焦虑及其伴随的幻想会以象征或移置的方式得以表达，如男孩对于眼睛、鼻子受伤的幻想与担心，背后往往对应着阉割幻想或相关的记忆。一般来说，对孩子过度苛刻、强势、惩罚的父亲，或者会以阉割相威胁的父母，往往会让男孩产生强烈的阉割焦虑，并压抑进入潜意识。

全能幻想

俄狄浦斯幻想与阉割幻想，往往在3—6岁阶段开始出现，而全能幻想则出现在更早的婴幼儿期（0—3岁）。在这一时期的最初阶段，婴儿缺乏区分自身与他人不同的能力，他还停留在与妈妈融为一体的感觉里。如果他感到不舒服，如饿了、冷了、痛了，他会哭闹，然后，妈妈就会给他吃的、穿的，以缓解他的痛苦。所以，在幻想里，婴儿认为他是周围环境的中心，周围人因他而存在，无条件地为他服务。这便是原始的全能感，现在有一个形象的说法叫作“巨婴”。

随着婴儿认知能力的提升，以及不断体验到的挫折感，婴儿逐渐发现，自己并没有与妈妈融为一体，虽然很多时候，妈妈能够满足他，但也有不少时刻，妈妈不在或者没法满足他的要求。他越来越强烈地体验到，他是多么依赖妈妈，他也越来越深刻地发现，他与妈妈是两个独立的个体。妈妈并不会随时出现并满足他的要求，妈妈并非只为他而存在，妈妈也为其他人而存在，拥有她自己的世界。

这些更成熟、更现实的经验不断地打击着婴儿的全能感，推动着全能感的转化。孩子逐渐发现，他需要通过自己的努力，才能获得周围人的喜欢和赞赏，才能得到他想要的满足感，那种无条件就能得到的关爱并不是现实。他能承认一定的约束，遵守必要的规则，直至将这些规则内化为自然的习惯。这是从原始全能感向健康自恋转化的过程，伴随着社会规则的内化，婴儿从一个原始的存在，逐渐成为一个社会化的个体。

并不是每个人都能完成这种转化。如果婴儿能够获得恰到好处的回应，他的生理与心理需要能够被妈妈看到、尊重并适当地满足，这会有利于原始全能感张力的减弱，并发展出健康的自恋满足方式，如通过创造和现实的成就来得到周围人的认可与肯定。相反地，如果婴儿的需要经常被父母忽略，父母把孩子作为满足父母自恋需要的工具，或者缺乏表达爱的习惯，那些没有得到足够回应的全能需要一直没有被很好地满足，那么，婴儿可能执着于原始全能感，并从中构建出全能幻想。有些人虽然表面上掌握了社会适应的规则，但潜在的原始全能感仍然很强烈。

全能感及其伴随的全能幻想，会被压抑在潜意识中，在很多情绪困扰、心理症状的背后，往往有原始全能感的作用。我们可以在下面这个案例中看到全能幻想所带来的折磨。

一个男子出现了强迫性关注周围咳嗽声的症状，只要环境里有咳嗽声，他便会分心和恼怒。症状起源于一次他在教室里自习，教室后面的一位同学不断地咳嗽，这干扰了他的学习。

他并没有换个教室，而是为自己的恼怒而生气。他责备自己："别人只是咳嗽，你为什么要恼怒？"他为自己无法控制情绪而生气。这些情绪及其伴随的想法让他难以专注于学习，他逼迫自己去适应这个环境，在他看来，如果为此换教室，是一种对现实的妥协，是无能的表现。随着症状的发展，每当他在教室学习时，他就会习惯性地关注别人的咳嗽声，一旦出现咳嗽声，就会造成他强烈的情绪起伏，让他无法安心学习。

讨论中发现，该男子之所以无法接受自己被咳嗽声所干扰，是因为在他的潜意识幻想里，对于环境和自身有足够的控制力。经过进一步的分析发现了他更多的幻想：他自认为非常聪明，能通过思考发现宇宙运行的规则；他特别追求酷的感觉，因为那样才有力量；他经常会冒出做一些出格举动的幻想；他也特别不能面对自己对别人的需要，因为如果他需要别人，就意味着他不够强大。

这些与全能感相关的幻想带给他很多苦恼，在成长过程中，他一直郁郁寡欢。他看不到现实生活的价值所在，因为生活总有诸多的局限、不足、缺陷，这与他构建的全能幻想相去甚远。他对于恋爱、人际关系也是矛盾的态度，一方面，内心需要关系和亲密；另一方面，他贬低感情的价值，也为自己的需要而沮丧。他对于学业以及将来的工作也缺乏投入，他同样看不到这些活动的意义所在，他只是被迫学习，无奈地接受社会规则。由于全能幻想的干扰，他对于学业、爱情、人际关系都缺乏充分的投入，无意义感、沮丧感、压抑感伴随着他的成长。

与全能幻想相伴的还有一种受迫害的幻想。在全能幻想里，他是足够好的，周围人成为他的附庸品；在迫害幻想里，周围人是可怕的，他是一个任人宰割的对象。全能幻想与迫害幻想，成为一种内在的分裂，是极好与极坏的两端。在迫害幻想的影响下，他会放大一些损害的消极影响，主要表现为对失眠的过度在意。任何影响到睡眠的因素，他都会过度在意且忧心忡忡。全能幻想受挫导致的暴怒还会指向自己，表现为对自己习惯性的责备和攻击。

对于这个男子来说，他需要不断地认识到潜意识里的全能幻想，认识它的来源、表现、形成过程，以及与它相关的各种想法与幻想。这个过程是在完成全能幻想的转化，直到形成健康的自恋，增加对生活、工作、学业的投入，最终摆脱全能幻想的不利影响。

迫害幻想

为了更好地理解迫害幻想，我们先来了解一下迫害妄想，这是一种在精神分裂症病人身上经常会发现的情况。比如，一个年轻男子以兴奋且得意的表情向辅导员说了他的妄想。他认为自己拥有超能力，可以通过无线电波去影响世界上的首脑人物，让他们听从自己的安排。由于他有这种超能力，引起了国家的重视，所以国家派了一支部队前来捉拿他。他神秘地说："现在，这支部队潜伏在学校周围。不过，我并不害怕，我有逃离的手段，但现在还不能告诉你。”虽然周围人听了他的讲述直摇头，但他却不以为意，沉浸在得意的幻想里。

妄想的特点是它出现在意识里，而且妄想者坚定地相信他构建的内容，周围人很难说服他。迫害幻想有时在意识层面，有时则在潜意识层面，幻想者并不能清晰地意识到，而是转变了一些难以摆脱的想法或症状。当向别人说起与此有关的想法或症状时，他往往会感到害羞与自责，健全的现实判断能力让他为受到恼人症状的影响而痛苦。

一位强迫症患者去餐馆吃饭，发现餐馆中的番茄酱特别鲜红，这让他怀疑，饭店老板会不会把艾滋病病人的血液混合在番茄酱中。当他把内裤晾晒在外面时，他担心楼上住户晾在外面的内裤里的水会滴在他的内裤上，里面可能有性病病毒并导致他被传染。从这位患者的强迫性观念中我们不难发现背后有一个被伤害的潜意识幻想，他被一个人恶意地、隐秘地伤害了。那个故意放艾滋病病人血液的店主，以及那个得了性病故意将内裤晾在外面的人，都是别有用心的、伤害性的人。因此，他得小心翼翼地观察周围的情景，以防止伤害的发生。由于潜在的迫害幻想，他一直像侦探一样警惕可能发生的危险。

我们同样可以在迫害幻想中发现它的对立面：全能幻想。这位强迫症患者经常幻想自己有至高无上的权利，是一个全能型的天才，他能够时刻洞察别人的不良企图。在某种程度上，他确实能够敏锐地做到这一点，总能从蛛丝马迹中发现端倪，这是很少的人具有的能力，对此他颇为自豪。但更多的时候，这只是一种折磨人的过度解读。

一位女子在意识里非常关注她的咨询师，她很需要这位咨询师，并为拥有这段咨询关系而自豪。但是，她不断地关注咨询师，迫切地想了解咨询师生活的方方面面，让咨询师产生了被监视的不适感。讨论后不难发现，这位女子以分裂的防御机制，把咨询师看成了两种完全相反的存在。一种是一个全好的存在，觉得咨询师能力强，特别理解她，带给她滋养与安全。另一种是一个坏的存在，她经常会对咨询师非常愤怒，对咨询师的言行做出恶意的解读，有时会坚定地认为咨询师对她非常无情。一个意识里理解的、厉害的全能咨询师，以及一个潜意识里迫害性的、拒绝的咨询师，两个完全对立的形象，交替地在咨询中出现。

症状、抑制与幻想

弗洛伊德对歇斯底里症的研究发现："潜意识幻想其实就是歇斯底里症的前身。歇斯底里症状不过是经过'变形作用'的潜意识幻想的表现。"（引自*Hysterical phantasies and their relation to bisexuality*）也就是说，症状与幻想是有因果关系的，当潜意识幻想被压抑之后，在一定的条件下，它们会转变成心理症状。如果要对症状进行治疗，“根据精神分析的技术，我们首先要做的就是从症状反推潜意识幻想，进而让病人能够意识到那些幻想”（引自*Hysterical phantasies and their relation to bisexuality*）。

我们可以从一位患者的例子中，发现症状与幻想之间的关系（参见*The Psychoanalysis of Symptoms*）。一个65岁的单身男子爱上了一个30岁的女子，两人因为工作机会经常在一起共事。但这个女子并不爱他，只是保持着工作关系。几年后，这个女子和别人结婚了，两个人也不在一起共事了，这让男子非常失落。在已经好几年没有见到该女子之后，他慢慢地出现了一种强迫性的想象：在这个想象里，这个女子得了一种怪病，后背长满丘疹，丘疹里面都是脓液。女子的皮肤不能被别人碰，一碰就痛得不行。在想象里，男子作为医生为女子治病，女子只信任他，在他面前全裸身体，但他觉得这与性无关，只是想去帮助女子。男子让女子躺在一张布满小洞的床上，这些小洞刚好包裹着那些丘疹。男子将丘疹里的脓液挤出并收集起来，一滴也不少，盛在一个碗里。在这个想象里，最让他满足的时刻并不是女子在他面前全裸身体，而是他把脓液一滴不剩地收集起来的那一刻。

这个强迫性想象会不断出现，严重干扰了他的生活。这个症状的意义是什么？我们不难发现，他存在着愿望满足的受挫：他爱这个年轻的女子，但女子不爱他并嫁给了别人。男子渴望这份爱的关系，孤独的他是那么需要她。这种未被满足的愿望以及由于愿望受挫而导致的愤怒便成为症状的来源。但症状又是如何形成的呢?

我们先以强迫性想象中女子后背的丘疹为出发点进行探讨。在潜意识里广泛存在着对立性原则，如上下、前后、胖瘦等的相互替代。在潜意识里，对立的东西是等同的，这是初级思维的特征。如果掌握了这个原则，那么男子想象的女子后背的疹子，我们可以理解为其实是女子身体前部的疹子。身体前部的疹子代表什么呢？当咨询师作出这个理解之后，男子一拍大腿说道：“乳头，是乳头，我真正想的是她的乳房！”所以，想象中丘疹以及丘疹挤出来的脓液，其实代表女子乳房里的乳汁，这象征了女子对他爱的滋养。但这种愿望在现实中是受挫的，他被剥夺了这种爱，所以在想象中以伪装的方式重新得到了这种爱，这便可以理解为什么在想象中带给男子最大满足的时刻并非女子全裸的时候，而是当那些脓液被完全收集起来的那一刻。因为这些是女子的乳汁，这是她爱他的象征。

这里有一个问题，这个愿望似乎是正大光明的，为什么男子不能直接展开这种想象，而要采取伪装的方式？由于愿望满足的受挫，男子内心潜藏着对女子大量的恨。在现实生活中，几年下来，男子体重增加了30多斤，他经常性地暴饮暴食。他通过不断地摄取食物来疗伤，去消除内心对女子的憎恨。男子不能让自己感到饿，因为一旦感到饥饿，便会让他直面没有她的痛苦以及相伴的愤怒，这是他最无助的情景。他通过不断地进食，那种得不到爱的痛苦以及相伴的憎恨被暂时消解了。

从这个例子中我们能发现，由于无法面对自己的无助，这个男子对女子爱的渴望以及恨的情感均被压抑在潜意识里，它们以潜意识幻想的方式起作用，为症状的形成提供持续的动力。由于伪装机制的存在，在强迫性想象中很难直观地看到这一点，只有掌握了潜意识的语言，我们才得以更好地理解症状。对幻想背后压抑的爱与恨的情感的察觉与理解，缓解了这个强迫性想象带来的折磨。该男子不得不面对这种爱的丧失，及其伴随的失落、沮丧和愤怒，这个过程便是在修复心理创伤，最终走出症状的痛苦。

儿童期一些潜意识的幻想会成为发展抑制的来源。克莱因在《儿童力比多发展中学校的角色》(参见《爱、罪疚与修复》)一文中讲述了一个名叫“弗里茨”的男孩的案例。这个小学男生虽然相当了解除法的规则，却无法做除法，或者总是做错。克莱因记录了对他的分析过程。

有一次他告诉我，他在做除法时，首先必须拿下需要的数字，于是他爬上去，用手臂将它抓住并将它拉下来。对于我询问那个数字对这样的举动有什么反应时，他相当肯定地答道：这么做对那个数字来说不是一件愉快的事情——那就像是他的母亲站在一块11米高的石头上，有个人抓住她的手臂，他们将它撕扯出来并分解了。不过不久之前，他幻想马戏团中的一个女人被锯成数块，然后又活了过来，现在他问我这是否可能。接着他联想到（也和之前详述的一个幻想有关）事实上每个小孩都想要拥有母亲的一部分，而母亲必须被切成四块；他相当清晰地描述了她如何尖叫，但她的嘴里被塞满了纸，以致叫不出来，还有她的表情如何等。一个小孩拿了一把非常锋利的刀，他描述她如何被切割，首先是横切整个胸部，其次是整个腹部，再次是纵向切开，所以“小鸡鸡”（在他的想象中，母亲似乎也有阴茎）、脸和头都从正中间被切开。因而从她的头部被取出，最后头部被再度斜切，而“小鸡鸡”正好被横切开来。在这个过程中，他不断地咬自己的手，并说他为了好玩也会咬他的妹妹，不过当然是出于爱。他继续说，每一个孩子都拿了一块自己想要的妈妈的碎块，他也同意被切割的母亲碎块随后被吃掉了。这显示了他总是把除法中的余数与商数混为一谈，也一直将它写在错误的地方，因为在他心中，它是他潜意识中处理的淌着血的肉块；这些诠释移除了弗里茨关于除法的抑制。（引自《爱、罪疚与修复》）

弗里茨的幻想（把母亲切割为一个个碎块）让他感到恐怖和内疚，这种幻想来源于他对母亲的愤怒（比如，母亲会时不时地离开他），或者与施虐有关的欲望。这个幻想导致他对于除法演算的困难，只是他不知道两者之间的联系，当克莱因做出这个解释之后，移除了他对除法演算的困难。克莱因发现，孩子们基于他们焦虑的世界所产生的误解而制造出可怕的幻想，而揭开这些幻想可以减少恐惧，让孩子们自由地、充分地、创造性地运用他们的思想。

游戏是孩子表达幻想的一种方式，在游戏中，由各种原因导致的愤怒或受挫感均可以在游戏中得到宣泄，游戏与幻想使一个人可以远离真实的暴力行为。玩游戏可以控制幻想，以便更好地控制幻想背后的破坏性情绪。相反地，如果玩游戏的功能被抑制了，可能会转变为一些折磨人的症状。心理学家温尼科特在《游戏与现实》一书中写道："当病人无法玩游戏时，治疗师的工作方向必然是，把病人从无法玩游戏的现状，带到可以玩游戏的情景。"在他看来，一个可以投入地玩游戏的人，不会受到心理症状的干扰，如下面的例子。

这是一个1岁多的、经常发生痉挛的小女孩的例子。她严重起来一天有四五次痉挛，发作之后就睡着，醒来后整天哭个不停，到晚上照睡不误。这个小女孩在6个月时因为感染严重的肠胃炎而首次住院，7个月时，再次因为吃东西就吐而两次入院。（引自《游戏与现实》）

治疗刚开始时，温尼科特把她抱在膝盖上。小女孩偷偷地咬他的手指关节，温尼科特没有制止，允许她咬着（因为这是她的游戏）。然后，小女孩玩起咬压舌板以及把它丢到地上又捡起来的游戏。之后，小女孩开始抚摸脚指头，温尼科特把她的鞋子和袜子脱掉（友善地回应孩子玩耍的需要），这引发了孩子强烈的兴趣。她似乎发现，压舌板可以放进嘴巴、丢掉、消失，而脚指头却丢不掉，这让她满意极了。

治疗只进行了两三次，治疗中温尼科特并没有说什么（1岁多的孩子也不可能通过语言交流），只是回应孩子玩的需要，没有制止，孩子回去之后，再也没有痉挛。原因似乎在于，孩子可以享受游戏了，那些压抑的欲望、内在的恐惧，以及潜意识的幻想通过游戏有了宣泄的途径。

如何对幻想进行自我分析

幻想能够带来满足，减少焦虑，提升人对于痛苦的忍耐能力，但过多的幻想也容易让人远离现实，甚至形成强迫型幻想症。和梦一样，幻想是有意义的，它要么反映一种关系，要么呈现压抑的情绪和愿望，或者反映一种长期存在的心境。如果掌握对幻想进行分析的理念与方法，就能不断认识它的意义，移除它的不良影响。

记录并分享幻想

很多人之所以频繁地被幻想所折磨，原因在于他们从未有机会与别人分享幻想，他们往往深以为耻，害怕因为幻想的表达而受到他人的歧视。相反地，如果他们有机会、有勇气说出这些幻想，并得到理解和支持，那么，幻想所带来的痛苦将会大大降低。

一位强迫症患者经常被一些可怕的幻想所折磨，他也一直为这些幻想而自责。后来在咨询师的鼓励下，他慢慢地放下担忧，选择向咨询师表达。他报告了很多与性有关的幻想，这些幻想的对象甚至是他的亲人。不过，咨询师并没有因此批评或评价他，而是回应道："其实，这是很常见的小男孩对父母的渴望和幻想。"咨询师这种理解性的态度让他放下顾虑，讲述了更多的幻想情节，在说的过程中，幻想得到呈现和理解，那种羞耻感、焦虑感逐渐减少了。

从某种程度上说，小汉斯被治愈的原因在于他能够被允许体验各种幻想，父亲并没有批评或指责他的幻想，而是和他一起来讨论与理解幻想，这有助于小汉斯将内在被禁止的欲望和冲动以一种可以被接纳的方式进行表达，缓解内心压力。比如，下面这段父子之间的对话，呈现了小汉斯对妹妹的死亡幻想[29]。

我："因为这样，你会想象妈咪在给汉娜洗澡的时候放开手，然后她就掉进了水里……"

汉斯（接话）："淹死了。"

我："那样你就可以单独和妈咪在一起了。可是一个好孩子不应该希望那样的事发生。”

汉斯：“可是光这样想想还是被允许的。”

我：“但这仍然不是一件好事。”

汉斯：“但如果他真的是那样想的，这就是一件好事。这样我们就可以写信告诉教授。”（引自《弗洛伊德五大心理治疗案例》）

对话中父亲虽然略有质疑，但这并不是羞辱和责备性的，小汉斯坚持了自己的权利，认为“光这样想想还是被允许的”。弗洛伊德非常欣赏小汉斯的这种幻想，他评论道：“了不起的小汉斯！就算是成年人，也不可能对精神分析学有更深刻的理解。”由于他的父亲反复和他讨论他的幻想，以及得到了弗洛伊德教授的支持，小汉斯并不以自己的幻想为耻，甚至乐于让父亲及弗洛伊德教授知道。所以，无论是希望妹妹死去的念头，还是对爸爸愤怒的想法，以及与妈妈生小孩的幻想等，小汉斯都允许自己去体验与谈论，这恰恰是精神分析中非常重要的态度。这也提示我们，对于内心的幻想，要允许自己去体验和表达。

谈出幻想，让幻想与现实碰撞

幻想会曲解现实，影响一个人的感知觉，有时会放大某件事情的影响，而一旦幻想与现实接触，就有了修正的机会。如果幻想只停留在主观层面，没有与人讨论，没有与现实碰撞，那么，幻想所产生的负面影响就难以消除。

一个小学三年级的孩子不想上学了，因为一件事情得到了不公平的对待，他对老师产生了强烈的愤怒。父母好说歹说，甚至打骂也无济于事，孩子坚持不肯上学。后来了解到，老师不公平处理的事件只是诱因，真正的原因是父母在前段时间争吵得很厉害，争吵中母亲扬言要离开这个家庭。这让孩子非常害怕，他幻想父母再次在家里吵架，父亲会打死母亲，或者父母离婚后自己悲惨的生活。因此，他想在家里阻止父母争吵升级，留住母亲不让她离开。

事实上，父母的感情大部分时间很好，只是那段时间有了一些严重的争执，父母的争执让个性敏感胆小的他产生了强烈的恐慌。了解到这个幻想后，父母和孩子有了沟通，告诉孩子，现在他们的关系很好，并承诺将来会好好地一起生活，不会离婚，爸爸也不会打妈妈。孩子的担心消失了，第二天就兴高采烈地去上学了。

如果没有接触现实，一些内心深处的幻想仍然没有被修正，成为阻碍现实关系的无意识因素。学者席珂记载了一个类似的例子。

一个女人告诉我她不能再和她丈夫住在一起了。他注视着她迈出的每一步；没有他的允许，他甚至不让她买内裤。我问她这是怎么回事，她没有自己的钱吗？不，她有自己的钱，只是她知道他会不赞成。她怎么知道的？他告诉她了吗？不，事实上，他什么也没说，她只是知道他的感受。渐渐地，她明白了，他总是在幻想中出现在她的脑海里，以致她从来没有想过问他到底是怎么想的。她只是“知道”。当我谨慎地指出这一点时，她相当吃惊。我很想知道她是否会问他买内裤的事。我第二次见到她时，她惊讶地报告说，现在事情已经解决了；他一点儿也不反对她买内裤；他对她花钱的方式没有她那么在意。她不知道他的真实感情。似乎觉得不该买内裤的人是她自己，但在丈夫的鼓励下，她得以去挑选一些自己真正喜欢的内裤，这是她有生以来的第一次。（引自*Ideas in Psychoanalysis Phantasy*）

由于没有与丈夫沟通，她想当然地把内心的幻想（这来源于她幼时的成长经历）当成了现实。而与丈夫的沟通让她认识到，这完全是自己的主观猜测。那些非理性的幻想仍然保持在它们的原始状态，没有接触到能够改变它们的现实，也是在它们的作用下，现实不自觉地被曲解。

人们会以一种幻想的方式把自己糟糕的一部分（罪恶感、自卑感等）放在别人身上，并加以否认和攻击，好像以此保证了自己的清白。城里人对乡下人的指责，认为他们素质低、不文明，这是一种幻想中糟糕的形象；发达国家对发展中国家的鄙视，想象这些国家的人民是一些悲惨的存在，以此确认自己优越的地位。这些糟糕的幻想都需要与现实碰撞并得到修正。

对幻想进行自我分析的步骤

梦本质上也是一种幻想，所以对幻想的分析与对梦的分析是类似的，它也包括两个阶段，一是自由联想阶段，二是总结阶段。在某些幻想中也要善于识别隐喻、象征、移置等心理机制，并感受幻想带给人的情绪体验，从而更准确地把握其含义。

一位有社交焦虑的男子在社交场合经常会想象自己满脸通红、满头大汗的形象，他害怕出现这种样子，所以当这种形象在脑海里闪现时，他会很紧张。在社交过程中，他经常会分心于这个形象，需要不断地与它做斗争。他害怕的并不是社交本身，而是在社交情景下无法自控产生的紧张形象。

他首先记录了这个幻想的片段，然后对此进行自由联想。他记得在初中时有几次上课发言的经历，当他被老师点名时，他站起来，由于紧张而满脸通红。他记得初中一位男老师看到他的表现时一脸不屑的表情，对此，他感到自卑、无奈和丢脸。曾经很长一段时间，这种由于脸红和紧张带来的自卑困扰着他，他特别想克服紧张，但根本做不到。每次站起来回答问题时，他的声音是颤抖的。他非常羡慕那些能够站起来坦然回答问题的同学。这种由于社交紧张带来的自卑长久地困扰着他。

他联想到，直到大学时有一次课堂发言，他不知道哪里来的力量，他虽然紧张，但不像往常那样失控，他可以让他的发言变得流利了。那次发言对于他来说是有突破性的，在这之后，虽然有时仍然会有那种吞没性的紧张，但可控的情况更多了。

在之后很长一段时间里，他特别喜欢上讨论课，因为他可以在这样的课堂上自由发言，长久被压抑的表现欲望总算有机会表达了，这带给他自信，他终于克服了阻碍。

对满脸通红画面的自由联想，让他回到了学生时代，认识到长久困扰的社交紧张感，同时，他能够以新的视角去看待当时的经历。他认识到，其实这些紧张没有什么大不了的，只是一个青春期孩子难免会出现的情况。那位初中老师过于鄙视的态度是不对的，如果老师对他更宽容些，也许他不至于那么害怕紧张。这种新的视角，也让他放下了执着。虽然他不能保证将来不会出现满脸通红的情况，但他不再害怕它，也不再过度关注它了。

一个男子报告了经常会出现的一个幻想："一个人在荒地上开荒，他努力用自己的牙齿在地面上挖出一个洞，然后进行播种，用自己的汗水去浇灌。"有一次，他记录了幻想，并对其展开自由联想。他想到幼时糟糕的家庭环境，父母糟糕的关系，以及他一直在情感上被忽略的情况。他想到艰辛的求学经历和职场经历，以及与周围人关系中的疏远和对立。逐渐地，他认识到自己就像幻想中的人那样，辛苦又艰难地奋斗着。荒地是他自体[①]中坏的部分的象征，他只有不断奋斗才能存活下来，

① 自体指的是关于一个人自己的心理表象，这个表象可以是意识的或无意识的存在。客体指的是一个有情感投注的对象，这个对象既可以是人，也可以是宠物或物品等。

他不觉得自己可以有片刻喘息，否则就会被焦虑所困。幻想中的牙齿也代表了他的攻击性，他总想打败别人以证明自己，这是他获得自尊感的唯一来源。通过对幻想的联想，他触及自己的孤独和长期存在的情感饥渴。

对这个幻想的分析让他意识到，其实他并不需要那么辛苦，他所想象的荒地并不现实，现实中的他已经拥有不少的成就，还有几个喜欢他的女生。他也重新认识了自己的攻击性，这种攻击来源于没有被很好地理解的家庭氛围，以及几次心理创伤的经历。由于幻想的影响，他一直无法让自己停下来享受生活，他始终生活在一种危险的边缘。当这个潜在的想象有机会被讨论和理解后，他逐渐改变了自我的意象，也改善了与他人的关系。

一个男孩经常会因为在现实生活中的受挫而产生幻想。比如，最近他喜欢一个女孩，但对方似乎对他没有热情，于是，他幻想后来因为某种原因他变得健壮、帅气了，有很多美女喜欢他。他幻想这个女孩主动来追求他，向他表白，此时，他和其他女子谈笑风生，对她爱答不理。这样的幻想让他沉浸其中，自我感觉良好。

他跳出幻想，对其中的内容进行了联想。他首先联想到自己的身体与长相，他个子不高，在读初中时，他最渴望的就是长高。他羡慕那些个子高的同学，他希望自己也能像他们那样高大帅气，被女生喜欢。他知道自己的长相很一般，小时候，经常被人夸长得好看，但初中之后，他的容貌变得越来越普通了。他曾有很长一段时间纠结于自己的容貌，很想去问身边的人：“我长得到底好不好看？”但一直不敢问，因为他害怕别人安慰他，或者直白地说他长得很一般，这不是他可以面对的结果。也许因为对自己身高与容貌的自卑，虽然他有喜欢的女生，但只能埋藏在心里，不敢有所表示。看到其他的同学谈恋爱，他心里很羡慕，又很自卑。他联想到对女生的态度，越是他喜欢的女生，他越是表现得很有距离，而不敢向她们主动地表达。他内心很矛盾，一方面希望得到她们的喜欢，另一方面内心很害怕被她们拒绝与嘲笑。也许是因为这种内心的纠结，他很多时候会采取冷漠与疏离的态度面对他喜欢的女生。

这些联想让他认识到他一直存在的问题：由于自卑而不敢有所表达，哪怕有好的机会，也会习惯性地逃避。这种糟糕的方式让他失去了一些机会，他只好退缩到幻想中去满足欲望，宣泄情绪。他认识到这也许是他与漂亮异性交往困难的原因之一，一直以来，他压抑着对漂亮女孩的性欲望，因为他潜在地认为自己会被拒绝。所以，当有漂亮异性对他热情时，他就会不自觉地展开幻想，想入非非；而当被拒绝时，又会非常无措与自卑。这些探索让他认识到应该突破一直以来逃避的态度，更自信地面对困难，表达自己。

在心理咨询过程中，对幻想的联想和讨论也是重要的内容。一位来访者在咨询过程中记起偶尔会出现的一个幻想，她清晰地记得，很小的时候，这个幻想就出现了：“我是小婴儿，在医院里被一种粗白布的小被子裹着，有一个人把我从手上递给了另一个人，因为有人要走了。幻想中我感到有些孤单和难过。印象里墙面很白，床像病床。”

对这个幻想的描述让她产生了一些悲伤的感情，她理解到这个婴儿是多么无助。想象中的医院或病床，象征了她内在受伤和需要照料的部分。一个人把她递给了另一个人，也许意味着她没有选择的权利，受人摆布。经过进一步讨论发现，一直以来，她迫切地想让自己在关系中处于主动的位置，一旦处于被动的位置，如被要求、被提问，甚至被求爱，都会让她有明显的排斥与讨厌的感觉。也许是婴儿期无助的体验，以及内在受伤的自体感受，让她变得敏感多疑，在关系中她一直充满着防备心理。关于这个幻想意义的讨论，伴随着她心理咨询的过程。

随着一个人心理健康程度的改善，他的自我形象也会有相应的改变，既可以在梦中，也可以在幻想中看到这种变化。一个女孩经常会有一个人在寒冷的街上行走，或者一个人留在荒郊野外的意象。经过十几次咨询后，她在情绪特别低落时脑海中会浮现出新的意象：“一个很冷的下雨天，在山脚下有一座房子，房子很温暖，有暖光灯，有篝火，房子里还有另一个自己，他在安慰我。”

很冷的下雨天在山脚下的一座房子，象征了来访者孤独凄凉的内在状态，这是她以前时不时会出现的状态，每当这种状态出现时，她很害怕，很无助，甚至会被自杀的念头所占据。房子里的暖光灯和篝火，以及另一个安慰性的自己，也许是咨询师，或者身边那些温暖对待她的人的内射[①]，这种内射的安抚性形象极大地缓解了来访者对情绪低落的恐惧，让她不再那么孤独和绝望。

注意事项

一、在发呆中了解幻想

发呆是人类重要的想象之源。发呆能把那些碎片化的记忆以各种匪夷所思的模式组装起来，进而激发无穷无尽的灵感。在2016年国家卫计委公布的“中国健康知识传播激励计划（乐享健康生活）”中提出的“5125”健康生活理念中，建议市民每天给自己留5分钟的发呆时间。发呆时人的脑电波活动以α波为主，能够促进灵感的产生，加速信息收集，增强记忆力，是促进学习与思考的最佳脑电波。当大脑充满α波时，人的意识活动明显受到抑制，无法进行逻辑思维和推理活动，此时，大脑凭直觉、灵感、想象等接收和传递信息，能形成栩栩如生的幻想情节。

当你工作或学习比较疲惫时，不妨暂时放下手头的任务，眼睛盯着前方，让自己的思绪慢慢地停下来，一些想象的场景、

① 内射是指在脑中构建了关于另一个人的形象，并以此来组织一个人的感知觉和记忆。婴儿通过内射照顾性的母亲形象来发展自我安抚的能力；来访者通过内射治疗师的形象来发展自我安抚的能力。

对话、互动、人物就会逐渐地出现，你会沉浸其中，并体验到一些情感（激动、难过、害怕等）。当幻想结束时，你可以留意刚刚出现的画面，记录并展开联想。

二、留意睡前幻想

有些人会在临睡前的大脑放松状态下，出现一些幻想的画面，如幻想自己买彩票中了大奖，突然有了一大笔钱，然后怎么花这笔钱；或者幻想自己得了绝症，要捐献器官，最后还把残余的遗体捐给医学院，捐之前最后说了段感言，把自己说得热泪盈眶；有些人的幻想更加离奇，会出现一些打斗、追击、鬼怪、战争的场景，并体验到惊心动魄的情绪。这些幻想内容，同样可以在适当的时候记录下来并展开分析。

三、应对强迫型幻想的建议

前文提到折磨人的强迫型幻想症，也就是一些人被幻想内容主导，长期沉浸其中，难以自拔。这是需要改变的情况，以下是一些建议。

第一，以正念的态度面对侵入性幻想、画面。一些无法自控的幻想片段容易在压力情景下冒出来，就像那个在社交情景下出现“面红耳赤”画面的人，此类侵入性的画面很难做到完全消失，所以当这种画面出现时，不要觉得沮丧或焦虑，而要培养出一种正念的态度：知道它的存在，不过多关注，不试图消除，带着画面做该做的事情。错误的做法是总关注这些折磨人的幻想、画面、想法的出现，这种态度只会加重焦虑。比如，一个广泛性焦虑的患者会一边看电视或打游戏，一边注意自己的心情，他担心会有焦虑的情况，但越是关注焦虑，越容易激发它。

第二，身体调整。在头脑被不断浮现的侵入性幻想占据时，不妨做一些身体调整，有意识地改变自己的姿势或者面部表情，提升积极情绪。有意识地挺起胸膛，面带微笑，放慢脚步，保持声音的平和有力，主动与人互动，调整身体姿势，这些积极的身体语言会传递一些正向的信息，增加内在的力量，摆脱幻想的控制。

第三，努力聚焦于当前的事件。对于一种折磨人的幻想片段，你越是想排除它，越是想关注它，反而越会加重焦虑。正确的做法是聚焦于当前的事件，如留意正在进行的谈话，尝试开启一个新的话题，描述身边看到的事物。一个经常被血淋淋的恐怖画面折磨的人，当出现这些画面时，他不再是被一些自责与害怕的想法所折磨，而是允许它们浮现，但不去关注它们，而是努力描述当下眼前的事物，如这是一个白色的茶杯，这是宽度为1.8米的床，床上有被子、枕头，还有两个小枕头……这样的描述转移了注意力，那些侵入性的画面就变淡了。

第四，与幻想告别。对于长时间沉浸于幻想并得到满足的人来说，放弃幻想让他们很不舍得。毕竟幻想是美好的、幸福的，幻想中的世界总比现实世界完美，幻想让他们暂时离开了现实生活的无趣。但幻想就像吸毒一样，并不能带来现实的成就。所以，要告别幻想，更多地从现实中获得成就与价值感，逐渐远离幻想的快乐或痛苦。

第五，更重要的是，在现实的生活中获得成就感与意义感。突破点在专注于当下，做那些能带给你收获的事情。既可以结交朋友，也可以运动锻炼，或者广泛阅读，提升学习和工作成绩等，做那些让你自己觉得有收获和价值的事情，从这些建设性的任务中感受胜任感。改变获取胜任感的方式：和自己比，而不是和别人比。当发现自己在能力、学识、关系、技术、心态上的进步时，适时地肯定和鼓励自己。有了胜任感和价值感，未来的目标自然会逐渐地浮现出来，那种被人喜欢的感觉自然就增加了。此时，满足健康自恋的途径通畅了，个体就能不断地体验到生活的乐趣与意义，便无须通过幻想来获得了。

第四章

感受

感受的意义

在心理咨询的过程中，来访者经常会遇到关于感受的提问，如咨询师会问："当男友那样说时，你的感受是什么？""当听到这个消息时，你的感受是什么？""此刻你体验到了什么？"这样的问题能够让人从理智或事件的层面出来，进入体验的状态，此时，他似乎离自己的内在更近了。不过，有些来访者对于这样的问题会很困惑，因为他们说不清楚。一般来说，这些来访者与自己的感受距离较远，对于感受的觉察、命名、体验是来访者需要不断加强的能力。

记得我刚入行时，有一次去参加沙盘培训，培训师让大家针对沙盘作品谈谈自己的感受。有些咨询师会谈一些难过的、孤独的、害怕的感受，有些人会联想起过去的事件，以及这个事件带来的诸多情感，还有一些咨询师甚至会报告身体的感受。我很惊讶于大家会有那么多的情感和回忆，而我居然没有（在我看来，它只是一幅画而已）。那次课程对我的影响挺大的，我质疑自己：为什么大家会有那么多的感受，而你却没有？

很快地，当我开始向内探索时，我发现自己也有丰富的感受——身体的或心理的感受。其实这些感受之前一直在浮现，只是我的注意力更多地聚焦在想法与观念上，把它们习惯性地忽略了。成为心理咨询师的过程，大大提高了我对情绪的觉察能力，提升了我的共情能力，让我与来访者靠得更近了。

我们处于一种屏蔽感受的文化中，理性的能力更被推崇，感性的呈现（除非是一些艺术化的表达）往往令人难堪和羞耻。感受，特别是脆弱的感受，似乎是不能在众人面前谈论的。无论是夫妻之间，还是亲子之间，或者同事之间，很少会主动谈到感受，谈的大都是事情、想法、建议或分析。

比如，一个人在演讲，他非常紧张，周围人也能感觉到他的紧张，但大家都不说。演讲者之所以不说，是因为不想让自己显得太弱，他要假装自己很大胆。听者之所以不说，是为了给演讲者留面子，双方心照不宣地回避谈论感受。感受在不断地出现，但它变成了潜在的部分，是不太能谈论的部分。如果演讲者说："我觉得挺紧张的，希望不至于让你们失望。"而听者回应说："上场紧张很正常，想讲什么就讲什么好了。"这种对于感受的谈论，有助于演讲者放松。（大部分人会强压着紧张讲下去，直到放松为止，可见文化对于脆弱情感的压制。）

一个女子因为与男友的冲突而陷入痛苦的情绪中，在一次与几个朋友的聚会中，她说起这件事情，说着说着就哭了起来。她的朋友一下子有些手足无措，其中一个朋友说"反正事情已经这样了，多想也没有用”“时间是治愈一切痛苦的良药”；另一个朋友则试图开些玩笑，想让她高兴起来。她听了两个朋友的回应，心里很失望，选择自己躲在角落里默默消化。

这两个朋友都屏蔽了对方的情感，她们都试图让对方压抑负面感受。我们的文化似乎教会个体以这种压抑的方式去处理情感，我们自动地学会了这么做。负面情感成了大家试图消除的对象。其实，这个与男友发生了冲突的女子，更想要的是在她喜欢的朋友面前好好地哭一下，而不是得到这些屏蔽情感的劝告和安慰。

当孩子进入高中和大学，有些父母发现，孩子怎么不和自己谈心了？他们为此困惑，有时还会责怪说：“我们这么关心你，你为什么不和我们说心事？为什么你总是报喜不报忧？”这些父母不知道的是，在与孩子的相处过程中，他们总是站在父母的位置去与孩子相处，习惯性地以道理与规则去教育孩子，却不懂得体谅与理解孩子的感受与需要，不会以儿童的心态与孩子相处。当孩子担心、懈怠、犹豫、害怕时，父母完全看不到，想当然地认为孩子过得很好。久而久之，孩子发现自己的情感和需要根本得不到理解和尊重，慢慢地就对父母关闭了情感交流的通道。

不可否认，承受别人的负面情绪在一定程度上会消耗一个人的内在资源，他人的负面情绪也会唤起自己的负面情绪，所以，一般人会采取讲道理的方式来终止这些负面感受的传递，或者讲一些笑话试图让对方开心起来，甚至干脆不想听，生硬地拒绝。正因如此，很多人即使有痛苦也不太会表达，选择自己一个人默默地消化，因为他们相信对方可能难以承受。

人们对感受的回避更多的是受到竞争性文化的影响。当你观看电视节目《动物世界》时，你会发现，除了狮子、老虎这类少数食物链顶端的动物，小型动物大都处于警觉与战斗状态，要随时防备可能出现的危险。那么人类呢？人类作为高级动物，是不是已经脱离危险？根本不是。其实在大多数情况，如工作、学习、社交中，人往往也处于一种战斗状态，只是这种战斗表现的不是杀戮，而是竞争。

工作，为了收入、职位、权力等而竞争；学习，为了名次、奖励等而竞争；社交，为了影响力、人脉等而竞争。竞争无处不在，似乎渗透到社会的角角落落。只有将内在的攻击性以一种社会许可的方式释放，人才可能在这个竞争的社会中取得一席之地。既然是战斗状态，就需要屏蔽感受。比如，商业竞争一般以利益为中心，讲情面也许会失去获利的机会。学业竞争中，要敢于打败别人，否则你就拿不到好的名次。

那么，这些被屏蔽的负面感受去了哪里？在幻想里，在梦里，在各种身心症状里，以及不由自主流露出来的各种脆弱里。其实，这些被屏蔽的负面感受特别渴望得到表达和接纳，人们对于心理咨询的需要，背后就是内在脆弱情感的呼唤。

因此，当我们谈论感受时，其实我们进入了另一种状态，一种包容的、尊重的、和平的、理解的存在状态，我们从战斗状态中走出来，得到片刻的喘息，这是每个人都渴望的状态。心理咨询过程中对于感受的觉察与讨论，其实是鼓励一个人进入存在状态，放下对于感受的种种防御，而进入更真实的内在。自我分析中对感受的觉察与分析，放下理性的思辨，同样是让人进入一种存在状态，去探索更丰富的情感和回忆。

总体来说，觉察和讨论感受，对人有什么好处呢？

（一）成为一个整体的人。人有一种成为整体的需要，在理性与感性之间达到平衡。对于感受的觉察与讨论，能够促使理性与感性之间达到平衡。对于一些习惯性压抑情感的人更是如此。

（二）直击内心，体验最真实的部分。感受是最真实的，言语却会掩饰。通过对感受的觉察与讨论，能够探索到最真实的体验。当被压抑的情感被觉察时，是一种生命深处的相遇，人能够体验到一种整体感和联结感，能够激发出对生活的热情，学会爱护自己，并由此得以充满爱心地对待他人。

（三）打破竞争文化的约束，进入更具人性化的状态。由于人类整体的不安全感，以及人性中的攻击驱力，人与人之间的关系总有太多的竞争与敌意，这是一种非常消耗的状态，和人对真善美的追求也是冲突的。我们需要适时地停下来，进入存在状态，达到理性与感性、竞争与共存的平衡，使自己发展为一个更加自爱也更有爱心的个体。

对痛苦的新态度：从控制到觉察

导致人们痛苦的重要原因往往是一种对抗心态（如想消除痛苦），由此陷入恶性循环（比如，因为消除不了的痛苦而痛苦），因此，摆脱痛苦的正确态度在于反其道而行之，即对痛苦的觉察与接纳；或者，在对抗心态与觉察心态之间达到一种动态的平衡。现实生活的状况是，大多数人不习惯觉察和接纳痛苦，他们想当然地认为只有消除痛苦这一条途径。

早上醒来后，一个人发现身体不太舒服，头昏脑涨，他知道昨晚又没睡好，于是担心白天的工作效率，并联想到最近一段时间经常如此，不免加重了担心。他对自己抱怨："什么时候才会好起来？万一一直睡不好怎么办？"他不自觉地推测这种痛苦可能会带来更多的痛苦，为消除不了痛苦而苦恼不已。

一个同学分享了她的苦恼。她参加了一次重要的应聘，其他关都通过了，最后一关是体检。她知道自己体检时容易紧张，一紧张血压就高，她担心体检通不过，那样的话就功亏一篑了。体检的时刻到了，她特别紧张，量血压时更甚，她不自觉地想控制紧张，结果却越来越紧张，最后血压偏高了，量了好几次才过关。

在人际关系中也有类似的情况。生活中那些很好相处的人，往往有一个共同的特点：不太有控制欲，能够充分理解和尊重对方。相反地，那些让我们不舒服的人，往往想主导我们，或者把他们的意志强加给我们，或者有意无意地用各种方式控制我们。后者容易破坏关系，虽然他们非常渴望好关系的出现。

习惯以控制的心态来面对痛苦的人，往往会把痛苦放大。他们常见的负面认知是："如果……怎么办？万一……怎么办？"在他们的潜意识幻想里，总有很多可怕的后果。他们害怕未知和不确定性，采取的应对方式要么是控制，要么是逃避，但缺少面对的勇气。

很多人都会有这样的体验：紧张时很想去控制紧张，结果反而越来越紧张。如果不去控制紧张，而是允许它存在，有时候反而不会带来困扰，甚至可能让你有更好的发挥。这种情况也提示我们：需要去改变与紧张的关系，少一点对它的控制，多一点对它的觉察和接纳。当它出现时，只是以坦然的心态面对它的存在。

这是一种觉察的心态。觉察的意思是，知道它是一种不舒服的感觉，但允许它存在，不排斥，不对抗，不过度关注，只是知道和面对。在这个过程中，无论是好的感受，还是不好的感受，我们都只是知道它的存在，而不去控制它或者执着于它。

觉察的心态能让主观体验到的痛苦大大减弱。我来举一个例子。楼上装修工的电钻发出了噪音，楼下的住户非常烦躁，因为他觉得声音太刺耳，他陷入了一种愤愤不平的情绪中。如果他换一种态度，仅仅是觉察噪音带来的不舒服感受，此时，他会发现，噪音所带来的不舒服感觉并没有那么强烈。之前那些强烈的情绪是因为噪音所唤起的各种我执观念（比如，“我的空间被侵占了”“对方不尊重我”），并非噪音本身造成的。

觉察的心态包括三个部分：有意识的觉知、非判断的知觉、活在当下。观呼吸时，你有意识地觉知呼吸的感觉（气息流经鼻腔的感觉，或者腹部起伏的感觉）；行走时，你有意识地觉知走路时腿部和脚部的感觉；观身体感受时，你有意识地觉知身体上各种细微的感觉。在这个过程中，把你的判断、思维、记忆、想象先放在一边（不过它们会时不时地占据你的脑海，此时，你需要通过觉察把它们推远，继续回到目标）。在一次次的练习中，你更容易从判断、评价、忧虑等控制模式中出来，更多地出现非控制的觉察心态。这些是正念练习，具体的做法本书的其他章节会有介绍。

如果有了觉察的心态，我们与负面状态的关系就改变了。那个害怕体检的女子，当她量血压时会感受到紧张，但她不去控制它，而是知道这种感受的存在，跟随这些体验。这种非控制的态度，终止了紧张的恶性循环。同样地，那个早上起床后身体不适的朋友，如果他带着平常心去观察这种不舒服的感觉，只是观察，而不生起厌恶心，做该做的事情（如刷牙、洗脸等），那么，不舒服的感受对他的困扰将会明显减轻。

生活中任何让我们产生感受的场合，都是一次培养觉察态度的机会。当你愤怒时，你知道这是一种感受，你不去控制或过度关注它，而只是知道它的存在，或者用呼吸与它们和平相处。当你害怕时，你知道这是一种感受，不去对抗或消除它，带着这种感觉做该做的事情，此时，你就获得了勇气。同样地，在人际关系中当你产生失控的焦虑时，你只需觉察这种感受，以觉察心来终止控制行为，你便能不断地体验到关系的和谐。

当然，觉察心态的建立确实不容易，因为习惯性的控制模式会不断地自动运行（控制或对抗的模式也有一定的社会适应意义），一般来说，越是缺乏自信或充满不安的人，越是会陷入控制模式中。我们的目标是培养和建立觉察模式，与控制模式达到动态的平衡。如果能以觉察模式来引领生活，那将会是更彻底的解脱。

最后来举两个例子，也许更能让我们知道觉察心态的重要价值。一个人得了绝症，到了晚期，医生已经多次暗示不用治疗了。但他害怕死亡，家人也不忍心，于是，全家人砸锅卖铁为他治疗，无奈的是，虽然花了很多钱，家人因此一贫如洗，他仍然没活多久。另一个人也得了绝症，到了晚期，医生也同样暗示不用治疗了。他不再寻求无谓的治疗，而是面对痛苦，过上简单的生活。当然，疾病是无情的，没过多久他也离世了，虽然他身体上是痛苦的，但走得很安详。

第二个人面对疾病的态度令人尊敬。他不再做那些无谓的治疗也是一种对自己生命的尊重（死亡也是生命的一部分），对家人的体谅，对无常的认同。如果连死亡之苦都能被人以觉察的态度来面对，还有什么痛苦不能被人所超越呢？因此，培养觉察的心态才是更好的解脱之道。

跟随感受所具有的疗愈意义

一个男子描述了一次被拒绝之后的体验。有一次他向领导提出了一个建设性的方案，但领导没有采纳，反而指责他想得太简单了。男子感到很沮丧，本来出现的美好幻想瞬间变成了泡影。他回到自己的工位上想继续工作，但无法平静下来，脑海里总不断地回想起这件事情，难以真正放下它。

幸好他有情绪调适的经验，他知道这种对抗的态度不是正确的态度，于是，他不再与这些负面状态做斗争，而是试着去接受这些感受。他注意了一下此时身体的感受，发现自己的身体略有僵硬感，有一种收紧的感觉，并且感到一股微微的寒意。当注意到这些身体的感觉时，他体验到一种轻微的释放感。过了一会儿，他突然体验到一种委屈，一种想流泪的冲动。他想到在与这位领导的关系中，这样粗暴地被拒绝已经不是第一次。他跟随着这种委屈，当眼泪逐渐流下来时，他心里略有宽慰感。他的脑子仍然比较兴奋，他在不断地冒出对领导的诸多不满想法，不过，他没有过多地追随这些想法，而是提醒自己再次回到自己的身体感受，他继续体验到一种微微的寒冷感，以及胸腔部位微微的沉重感，身体紧绷的感受。他留意了一下此时的情绪，有愤怒、委屈、难过、悲伤、沮丧，他一一进行了情绪命名。

不断地追随身体与情绪的感受，与痛苦相处，而不是刻意地压抑痛苦，这会有助于痛苦的自然降解。在《心理创伤疗愈之道：倾听你身体的感受》一书中，作者彼得·莱文（Peter A.Levine）分享了自己遭遇的一次交通事故的经历，他在创伤事件发生之后，通过不断地追随身体的感受，全然地关照身体的感受并让它按自身的需求自然地展开，使自身的疗愈潜能得以开发。幸运的是，在那次事故中，出现了一位充满关爱的儿科医生，她在旁边陪伴与安慰受伤的彼得，使他恢复自身健康和平衡的天然能力得到激发，帮助他避免了创伤所带来的不利影响，如形成创伤后应激障碍（PTSD）。

我们来看看具体的过程。那天，他正在路上走着，以愉悦的心情前往一位朋友的住处，准备去参加朋友60岁的生日宴会。突然，一辆汽车撞上了他，等他醒过来时，他意识到“我躺在路上，全身麻木，无法动弹，呼吸困难”。随后，他注意到很多人跑了过来，围着他，人们面露惊骇之色。这时，一位男士跪在他身边，告诉他自己是路过的急诊科医生，当这位医生看到彼得在扭动头部时，突然大声对他说：“不要动你的头。”这让彼得受到了惊吓，身体进入一种僵直状态，他感觉自己飘向了身体的上方，从空中俯视着正在发生的一切。作为一位创伤治疗的心理治疗师，他知道这是一种“解离”体验。他产生了一种恐惧，以及与恐惧有关的想法：“我的脖子可能断了。”因为他感觉无法扭动脖子。

他很害怕，他需要被安慰的眼神注视，但处于僵直状态的他无法动弹。幸运的是，几分钟后，一位女士坐在他的身边，对他说：“我是医生，儿科医生，我能帮上什么忙吗？”看到这位女士亲切的脸，彼得心里有一种安慰，他艰难地回答说：“请陪着我就好。”女士握住他的手，当他紧紧地攥住她的手时，她轻柔地用手势进行回应，这个动作让他感到安慰。他闻到女士身上淡雅而令人熟悉的香水味，这让他感到自己并不孤独。此时，出现了奇妙的身体感觉：“一波震颤从我的身体中释放出来，我做了第一次深呼吸。随后，一股恐惧的战栗传遍了全身，眼泪随之夺眶而出。我听到自己在心里说，难以置信，这居然会发生在我身上，这不可能，这可不是在布奇生日这天晚上计划该发生的。我被一股难以名状的后悔感卷入谷底。我的身体继续战栗，让我慢慢回到现实。”这其实是身体在遭受突然打击之后的恐惧反应，由于这位温暖女士的陪伴，彼此能够允许自己去体验这些情绪反应，这对于预防创伤后应激障碍是非常重要的。

随后，更强烈的情绪出现了：“过了一阵，更轻微的颤抖开始取代猛烈的战栗。我感到一阵阵恐惧和悲伤袭来。我猛然意识到自己有可能伤势严重，可能我下半辈子要在轮椅上度过，或者走路会一瘸一拐，随时需要依赖他人的帮助。一股深深的悲痛再一次吞噬了我。我害怕被它吞没，目不转睛地注视着那位女士的双眼。我轻吸一口气，闻到了她的香水味。她一直陪伴和支持着我。慢慢地，我的情绪不再难以控制，尖利的恐惧感也逐渐消退。我看到一丝一闪而过的希望，随之而来的是排山倒海的愤怒。我身体的抖动和震颤加剧，寒冷和燥热交替袭来。滚烫发热的暴怒从我的腹部喷发出来：这个混账居然撞到走在人行横道上的我？她是怎么开车的？！”

我们可以发现，在一个温暖又有力量的见证者——这位儿科女医生的陪伴下，他经历了恐惧的颤抖和战栗过程，以及随后强烈的愤怒，他并没有排斥与拒绝这些体验。在彼得看来，“逃避可怕的与令人不快的知觉是人类天生的倾向，而为了抵挡这种看似难以对付的天性，有效的治疗（以及整体适应力的提升）必须能提供一种帮助来访者直面恐惧、暴怒、无助和瘫痪的方案”。

在这位温暖见证者的陪伴下，彼得并没有屏蔽在汽车事故后出现的身体与情绪感受，而是全然地体验、命名、接纳这些感受，跟随感受而动，这有效地预防了创伤后应激障碍的发生。在他看来，心理创伤来源于创伤性刺激导致的高能量状态的凝固与卡陷，这是人类的自我保护机制在严重创伤打击下自动起作用的结果，由此造成的不良后果是创伤状态的长期存在。而创伤疗愈的本质是在安全的环境下，在治疗师的见证与陪伴下，将由于创伤导致的僵直状态以及伴随的恐惧、无助分离出来。

由此带来的结果是：一方面，僵直状态不再可怕，而能够被体验（当一个人能够体验僵直状态时，他甚至会有一种活过来的感觉，或者会体验到一种伴有刺痛感的颤动）；另一方面，凝固在僵直状态下的恐惧，以及随着恐惧释放而来的暴怒，均能够被体验、命名和承认。通过这样的过程，凝固与卡陷的高能量状态得以缓解，创伤导致的心理问题得以改善。

从彼得的故事中我们可以发现跟随感受所具有的疗愈价值。那么，如果在这个事故中，彼得屏蔽了自己的感受，会产生怎样的结果呢？这让我想起多年前在学校做心理工作时发生的一次危机事件。

那天，一个学生在打篮球时突然倒地，周围的同学马上打120叫救护车，把他送到医院抢救。不幸的是，送到医院时，该同学已经没有生命迹象。当这个学生的父母从外地赶到学校时，学校只能告知这一噩耗。母亲一下子晕了过去，在周围人的呼唤与安慰中慢慢醒来，随后开始号啕大哭，捶胸顿足，现场弥漫着一种悲伤的气氛。父亲的反应却很不一样，当听到这个消息时，他并没有特别的反应，只是目光呆滞，呆呆地看着前方。在整个过程中，父亲既没有哭也没有闹，静静地在那边发呆，有时嘴角浮现出一丝无奈的苦笑。

虽然我不知道这对父母后来的生活过得怎么样，但不难推测，母亲从这次严重的心理冲击中康复的可能性会比父亲大。因为母亲允许自己去体验那些强烈的情感——悲伤、后悔、愤怒、自责、恐惧，以及伴随的身体反应，而这些反应在父亲那里则完全看不到。父亲一直以一种隔离的方式在面对这种严重的心理冲击。这些没有机会得到表达的情绪和身体感受，可能会转化为身体问题：头痛、失眠、血压升高、消化道不适等，以及情绪问题——无法缓解的抑郁、恐惧、焦虑等。母亲也许能够从这次事件中走出来，重新面对现实生活；而父亲可能会长久沉浸于失去孩子的悲伤之中，从现实生活中撤离。

提升身体敏感性的几个练习

感受包括情绪的和生理的感受，由于竞争文化的影响，就像人们对情绪感受的屏蔽习以为常一样，人们对于身体感受的屏蔽也是很常见的。在语言中，有诸多与身体有关的词语来描述感受，这意味着人们早就感知到身体状态与情绪感受之间的关联，如“难以下咽”“如鲠在喉”“心旷神怡”“腹部一紧”“吓得直哆嗦”“我都想吐了”“一股暖流”“心里憋得慌”。彼得·莱文认为：“所有对我们有影响的经验（最早可以追溯到我们在母亲的子宫中生长时），所有压力、伤害和创伤，以及安全、愉快、美好、善意的感觉，都会改变我们的身体形态。”（引自《心理创伤疗愈之道：倾听你身体的感受》）因此，我们的身体随时跟着情绪而动，只是平常我们最多留意情绪的感受，习惯于忽略身体的感受。

当你不开心时，如果你留意，你会感觉到嘴部是紧绷的，身体是往里缩的；相反地，如果你咧嘴一笑，放松身体，你会体验到情绪变得好一些。当你愤怒时，你会感觉到心跳加快，血液上涌，随时准备战斗的状态；相反地，如果你走一走，喝口水，有意地放松一下身体，你会感觉愤怒缓解了。同样地，当你心情愉悦时，你会体验到身体轻盈，行动有力，充满力量感；相反地，当你情绪低落时，你会感到身体沉重，浑身乏力，死气沉沉。

对身体感受的觉察，有助于我们提高对情绪的觉察力，更好地调节情绪。在完形治疗学派看来，语言是“背景”，身体是“形状”，语言意识性高，容易撒谎，身体却是潜意识的，更诚实。因此，觉察身体的感受或非语言的表现，更能成为“真正的自己”。

那么，我们要如何提高对身体的觉察力呢？在《心理创伤疗愈之道：倾听你身体的感受》一书中介绍了有助于提高身体敏感性的两个小练习。

一、淋浴练习

一周进行几次，每次10分钟左右的淋浴，水流的温度要适宜，水压要达到有震颤感的强度，并把身体暴露在水流下。把注意力置于有节奏的水流冲击刺激的身体区域，有意识地让注意力扫遍身体的每个部分，如把双手手背置于淋浴喷头下，随后是手掌和手腕，接下来是头部、肩部、大臂以及脖子两侧等。

试着让水流刺激身体的每个部分，即使某个部位有空白、麻木或者不适感，也尽量集中注意力在那个区域。此时，你可以说："这是我的胳膊、头、脖子等，欢迎你回来。"你也可以轻柔地用指尖拍击身体的某些部位。长期坚持此练习，可通过唤醒肌肤知觉帮助重建身体的边界感。

二、觉知肌肉边界感的练习

首先，你可以用手抓住并轻柔地握捏另一侧的小臂，随后是大臂、肩部、颈部、大腿、小腿和脚等。握捏过程的关键是，由内而外地觉察你肌肉的感受，你会察觉到身体肌肉组织的僵硬、松软或活力。通常来说，紧绷和收缩的肌肉与交感唤起系统的警报和过度警觉状态有关。另外，人的身体被僵直状态控制时的瘫痪现象和松弛的肌肉有联系。面对松弛的肌肉，你需要轻柔地挨着它、托着它，好像抱一个婴儿。随着这轻柔的和聚精会神的触碰和抵阻练习，当脆弱的肌肉纤维开始有规律地被激活时，你会学到如何让这些肌肉重获活力，让整个身体重获新生。

除此之外，我们还可以通过正念练习来提升对身体的敏感性。正念的核心要点是有意识地觉察身体感受、情绪、念头等的出现、变化与消失。其中，与身体敏感性有关的主要是正念躯体扫描练习和正念行走练习。

一、正念躯体扫描练习

在躯体扫描时，你从头到脚对身体的感觉进行觉察，当你仔细觉察身体时，你会发现，身体一直在产生一些感觉，有些是细微的感觉，像放电一样，有些是粗重的感觉，如酸、痒、痛、热、胀、冷，你对这些感觉进行觉察，不回避，不排斥，只是觉察。这是在与身体建立一种联结，从语言与思维的关注中跳出来，和你的身体感觉在一起，这也有助于培养觉察的习惯。

你既可以躺着进行练习，也可以坐着进行练习。如果是躺着进行练习，请放松地躺好；如果是坐着进行练习，请尽量保持后背挺直，一种正襟危坐的姿势。

指导语：

把你的注意力放在你身体的感觉上，感觉一下头部、后背、手臂、腿部与床垫或坐垫的接触，你会有皮肤接触的感觉，只是把你的注意力放在这些感觉上。

然后，慢慢地把注意力放在你的呼吸上，感受一下你的腹部随着呼吸上下起伏，把你的注意力放在这种感觉上，去追随这种感觉。

如果你在观察身体的过程中，感觉自己要睡着了，不妨睁开眼睛，让自己尽量保持清醒。

接下来，我们要做躯体扫描的练习，你只需要觉察身体各个部位的感觉，有些部位有明显的感觉，有些部位有细微的感觉，有些部位没有什么感觉。不管是有感觉，还是没有感觉，你只需保持平等的注意，从上往下扫描整个身体。

扫描的速度可快可慢，你可以根据自己的感觉来把握。刚开始时，很多部位没有感觉，没关系，你只需保持注意即可。

随着练习的进展，细微的感觉能更多地体验到。

在扫描的过程中，请保持自然的呼吸，不要屏息，否则会让你紧张。在正念冥想练习中，均要保持自然的呼吸。

好，现在，让你的注意力来到你的头部，在头顶的位置，去注意一下头顶的皮肤和毛孔，也许没有感受，也许会有些细微的感受，你把注意力放在这个位置。

然后，慢慢地，从头顶向四周的头皮扩展，去觉察整个头皮的感觉，同样地，可能没有感觉，可能有细微的感觉，或者是一些明显的感觉，你只需把注意力放在这些部位，从上往下觉察整个头皮。

一般来说，在躯体扫描的过程中，最初的一两分钟会有些困难，也会让你不太习惯，但逐渐地，你会慢慢体会到扫描身体带来的安详和舒适。

好，让注意力来到你的脸部，从前额开始，逐渐往下扫描，感觉前额的皮肤，然后到你的眉毛、双眼，到两侧的耳朵，像有一道光线正在掠过这些部位。慢慢地让注意力来到你的鼻子、嘴巴，以及两边的脸颊，一直来到下巴，去觉察一下脸部的皮肤、肌肉、关节、骨骼产生的感觉。

尽量不要遗漏任何一个部位，保持平等的觉察，不管是有感觉，还是没有感觉，细微的感觉，还是粗重的感觉，舒服的感觉，还是不舒服的感觉，保持平等的觉察。

然后，从双肩开始，从上往下，去感受双肩的皮肤、肌肉、关节，一种立体的觉察……感受肩关节，肩关节内侧的皮肤。

继续往下，去觉察上臂，上臂的皮肤、肌肉、骨骼……来到手肘……再往下，来到前臂，从上往下，去感受皮肤、肌肉、骨骼……然后让注意力来到腕关节……手掌……手背……手指，一寸一寸地觉察。

在这个过程中，如果你意识到自己被某些想法或事件带走了，就温和地放下这些分心，回到对身体感觉的扫描中。

好，然后是躯干的前侧。让你的注意力来到脖子的位置，从上往下，去感受你颈前部的皮肤、关节、肌肉、骨骼……从上往下，一寸一寸地感觉，那些细微的或粗重的感觉，或者没有感觉。

继续往下，来到你两侧的锁骨……往下，像一道光线慢慢地向下掠过，来到胸部的皮肤、骨骼、肌肉、脏器……从上往下扫描，慢慢地来到你的腹部，扫描你的腹部，感受皮肤、脏器……一直往下，来到小腹的位置。

好，下面是背侧的身体。从脖子背侧，从上往下，去感觉脖子背侧的皮肤、肌肉、关节、骨骼，把注意力放在这些部位。然后来到后背，从上往下，一寸一寸地感觉，从肩膀到肩胛、脊柱，一直到腰部。一寸一寸地感觉，不管是有明显的感觉，还是细微的感觉，或者没有感觉，只需要去探索身体此时此刻正在产生的各种感觉……

在这个过程中，如果你感觉自己快睡着了，尽量睁开眼睛，保持清醒。

接着，感受一下你的臀部，从上往下，一寸一寸地感觉，立体的感觉。感受骨盆、骨骼、盆腔内的脏器……

然后，感受你的大腿，大腿的皮肤、肌肉、骨骼，大腿内侧的腹股沟，从上往下，慢慢去感觉。不管是什么样的感觉，有感觉或没有感觉，只是保持着觉察……慢慢地来到膝关节，再往下，来到小腿，小腿内侧的胫骨，小腿肚的肌肉，小腿皮肤，从上往下到脚踝……感受双脚的脚背、脚掌、脚趾，去注意这些部位正在产生的各种感觉。

这是从上往下的扫描，如果你愿意，你可以往回，从下往上，倒回去扫描，一直来到头顶的位置。

最后，自由地注意你整个身体的感觉，察觉自己沉浸在这些若隐若现的身体感觉中，你只是保持着觉察。然后，让你的注意力重新回到腹部，感受随着呼吸，腹部起伏的感觉……慢慢地睁开眼睛。

在平常的工作生活时，你也可以时不时地觉察一下身体感觉，也许，你会发现肩膀是紧绷的，脖子是酸痛的，或者后背不适、臂部压迫、表情僵硬、嘴角下拉等，此时，你有意识地觉察这些感受，不排斥，只是知道它们的存在。然后，调整一下身体的姿势，感受这个过程中感觉的变化，往往能带来身体紧张感的缓解和轻松的心情。

二、正念行走练习

正念行走练习时，你要注意走路时双脚接触地面的感觉，走路时身体姿势的变化，以及走路时身体的感觉。平常我们在走路时，一般是一边走一边聊天，或者一边走一边思考，但在正念行走时，我们放下这些思考和回忆，而去觉察行走时的身体感觉，慢慢地，我们可能会体验到平静和愉悦，也能培养出觉察的习惯。

这个练习建议先找个安静的不被打扰的地方进行，采取来回走动的方式，至少能直线行走5—10步的距离。熟练之后，逐渐地可以在每次行走时自动地觉察。在正念行走中，保持颈部平整、放松，睁开眼睛，以维持身体平衡，不需要特别留意身边的物体，只要保持“看到”即可。留意身体是否紧张，如果紧张就调整一下，尽量让它放松。行走时，采取一种缓慢的步速。正念行走的目标，是对行走动作、身体感觉、分心的念头等保持觉察。

在行走时，要把注意力放在双脚正在产生的感觉上，留心每一只脚移动时的所有感觉，注意到活动中一些细微的变化。感受一下行走时肌肉活动的感觉、骨骼的感觉、脚接触地面的感觉，以及当脚提起时身体感觉的变化。注意那些看起来流畅的动作是如何由一连串复杂细微的活动组成的，不遗漏任何细节。

指导语：

你从一端开始。先保持站立的姿势，觉察你的呼吸、身体姿势、身体感觉……手臂可以随意地放在身前、身后或身体的两侧。大约站立1分钟的时间，或者数一下呼吸，大约10个呼吸。

接着，一边吸气一边提起一只脚的脚跟，注意提起时的感觉，然后一边呼气一边放下那只脚，感觉脚掌接触地面的过程。然后再吸气，同时提起另一只脚，一边向前一边呼气，然后慢慢将那只脚放在地上。

刚开始，你也许会感觉不太协调，包括身体的动作，以及动作与呼吸的结合，没关系，慢慢就能掌握。

重复这些动作，对动作的变化、感觉的变化保持觉察。

就这样慢慢地走到另一端，停下来，觉察身体的姿势，感受呼吸，体验身体的感觉，保持1分钟的时间，大约10个呼吸……

接着，慢慢转身面向开始那一端，在走回那一端前再站立1分钟，然后重复整个过程……

同样地，如果你分心了，处理的方式和观呼吸一样，觉察它，评估它，然后回来注意行走动作。无须因为分心责备自己，当责备的声音出现时，只需对它保持觉察……

你在哪里？你在专注于行走吗？

当你发现自己分心的时候，慢慢地放下它。如果发现分心的念头很强烈，你就试着对它进行评估，然后慢慢地放下它。

为了提升敏感度，在开始时，你可以把动作拆分为几个不同的部分。每一只脚都会经过“提起”“向前”“放下”“接触地面”等阶段，而每个部分都有开始、中间和结束。

为了让自己与这些动作协调好，你可以在心中默念每个阶段：“提起”“向前”“放下”“接触地面”。这是一种练习程序，目的是让自己熟悉那些连续的动作，以确保不会遗漏任何细节。

当你更能觉知正在进行的各式各样的细微事件时，就无须用语言来标记了。你将发觉自己正热衷于流动、无间隔的觉知活动，行走时身体的感觉、身体的变化将成为你关注的中心。

你继续行走着，专注于行走时身体感觉、身体姿势的变化，时刻对它们保持觉察。

当你在行走时，既不要看着你的脚，也不要一边来回走动，一边在心中观看自己走动的画面。你不需要脚的概念，也不需要画面，只需在感觉流动时当即用心觉察。有时候，你能体验到平静、安详、轻松和愉悦，你只需要对此保持觉察，不用刻意追求这些感觉。正念行走的目标是培养觉察力，对当下发生的感觉如实地觉察。当你感觉行走时间差不多时，就慢慢地停下来。正念行走可以在工作或生活的间隙，花10—20分钟的时间进行练习。

如何对感受进行自我分析

在日常生活中，当遇到某些事件时，我们经常会有一些微微受伤的感觉，并伴随着一些情绪，但因为种种原因，这些感受没有机会表达出来。比如，开会时领导不点名地批评了你，你心里有委屈和愤怒，但碍于压力不敢表达。或者你希望爱人帮你拿个东西，却被他粗暴地拒绝了，此时，你觉得难过、生气，但如果因此与他吵架，你会有一些道德压力。很多时候，当你表达情绪时，你担心会被别人评价为“太小心眼了”，或者有一些现实的困难（比如，怕激化关系冲突）。因此，你一般会想尽快把这些不快压抑下去，有时会陷入因为压抑不了而产生的心理冲突中。

自我分析是一种与自己的对话，你无须在意别人的评价，可以对自己敞开心扉，尽情地表达，它提供了一种对感受进行整理的机会。你可以将某种感受，以及相关的事件记录下来，回忆这件事情，体验当时的情感。记录的过程有助于更清晰地认识情感以及伴随的想法，并浮现更多的联想与回忆，体验更丰富的情感，直至浮现某个关系主题。

情绪事件的记录与联想

一个年轻男子有一次邀请一位同行一起吃饭，他想了解一下行业的情况，希望能够融入这个新的群体中。对方答应了，但在约定的那天，那位同行发来有事不能赴约的信息。当看到这条信息时，他突然觉得很失落。他很惊讶于这种情感，因为他对那个同行没有什么私人感情，之所以发出邀请，纯粹是出于建立人脉的考虑。

刚好有空，他便拿出笔记本电脑，把这件事情记了下来。他注意到身体微微发冷，表情有点僵硬。他体验到悲伤、委屈，以及一些担忧。担忧是他最近经常会有的感受，他对于未来的职业发展经常会有忧虑。他想到从原单位辞职时，本以为新的事业发展能够一帆风顺，结果却经常遇到瓶颈，这让他感受到生活的艰难，也为自己略微鲁莽的选择而郁闷。虽然他很努力地开拓市场，但效果时好时坏，他担心因为业绩不好而被新公司辞退。当这样想时，他感觉有些抑郁，感到胸闷和压抑，对自己的现状有点沮丧。

他的脑海中浮现出高中时的记忆，因为性格另类，老师不喜欢他，周围的同学也排斥他，他一个人坐一个位置，其他同学都是两人一桌。因为与同班同学合不来，他会找其他班的一些不太爱学习的同学一起玩。后来，他意识到学习的重要性，便主动离开了那个群体，这导致有一段时间他几乎没有朋友。他还想到小时候，一直和周围的小伙伴不太一样，他会因为胖被周围的小伙伴嘲笑，也会因为家境贫困被周围人看不起。个性要强的他并不屈服，经常与周围的小伙伴争吵和打架，结果很多人挺怕他的，不愿意和他一起玩。

这些联想让他认识到，自己一直是被群体排除在外的，虽然多年来已经忘记这些过去发生的事情，但这种失落突然让他意识到，他其实一直渴望融入一个群体中，他希望有归属感，希望被大家接纳。他认识到，之所以从原单位辞职，也是因为不合群，他没有找到归属感。他虽然渴望归属于一个群体，但总是难以真正地融入一个群体，这成为他多年来的遗憾和痛苦。

我们可以从上面这个对感受的自我分析中发现，当同行没有赴约时他感受到失落，而对失落的联想与分析，让他体验到更多的情感——委屈、悲伤、沮丧、抑郁、孤独、担忧，并想到一些幼时的生活事件。他强烈地感受到自己的孤独，以及难以融入群体的现状。这种孤独来源于他的过去，有时候，他觉得自己就像一个没人要的小孩，渴望融入环境却总被拒绝。对于这次突然低落的觉察与分析，让他更多地发现了自身的孤独感，以及他防御孤独的方式。

内在客体关系的呈现

当对事件、感受、回忆等充分地意识化之后，一些主题会以顿悟的方式被你认识，主题的浮现又会激发出更多的联想与情感，让你产生一种将过去与现在联系起来的感觉。这些心理主题往往通过一种内在客体关系模式来呈现，如被不公平地对待、长期缺少他人的关注与理解、被人剥削和控制、溺爱，与这些关系模式相伴的是一些情感与过去的记忆、心理创伤事件等。移情焦点疗法总结了一些常见的内在客体关系配对（参见《边缘性人格障碍的移情焦点治疗》《人格障碍的心理咨询与治疗》）。

破坏性的坏小孩——惩罚性的、施虐父母

被控制、被激怒的小孩——控制性的父母

没人要的小孩——不关心的、以自我为中心的父母

有缺陷的、没价值的小孩——看不起人的父母

受虐待者——施虐的攻击者

被性侵害者——攻击者、强奸者

被剥夺的小孩——自私的父母

失控的、愤怒的小孩——无能的父母

攻击性的小孩——害怕的、顺从的父母

性兴奋的小孩——阉割性的父母

性兴奋的小孩——诱惑性的父母

依赖的、满足的小孩——完美的养育者

渴望爱的小孩——扣押爱的父母

控制性的全能的自我——虚弱的、奴隶样的他人

友好的、顺从的小孩——溺爱的、赞赏的父母

攻击性的、竞争性的小孩——惩罚性的、有报复性的他人

这些是比较严重的内在客体关系模式，具体的客体关系模式是非常丰富的，每个人都可以适当地总结提炼，甚至用一些形象化的语言来表达。比如，一个人形容别人像机器人那样，而他自己则被困在这架机器里面。这呈现了一个冷漠、缺乏人性的客体，而他完全被这样的客体所控制，感到非常无力与恐惧。当内在客体关系被激活时，会伴随着强烈的情绪情感，所以，感受的浮现也是认识内在客体关系模式的机会，在此基础上，探索它的形成过程，以及对一个人生活及现实关系的不利影响。

在内在客体关系模式中，我们既可能是这些客体关系中自体的一方，也可能是客体的一方。比如，对于“被控制、被激

怒的小孩——控制性的父母”这种客体关系配对，有时候我们体验到自己是一个被人控制的、充满愤怒的人，而体验到对方是一种控制性的形象；有时，我们自己显得咄咄逼人，而让对方成了被控制的对象，只是当咄咄逼人的形象出现时，我们往往意识不到。而对于情绪事件的记录与分析，有助于你更清晰地认识到它的出现。

我们可以在上面那个年轻男子的自由联想中看到他那种被忽略、被孤立的情感，他的内在客体关系模式可能是“没人要的小孩——不关心的、以自我为中心的父母”。那些高中的同学和老师，都会被他当作一些对他没有兴趣的、自私自利的人；虽然有时他会去讨好他们，但更多的时候，他会采取远离的方式保护自己。他不得不承认，在恋爱关系中，他也经常会成为一个以自我为中心的人，他很少会去主动关心和爱护他的伴侣。此时，他让别人体验到自己“没人要”“很不好”的情感，而他成为别人心目中“以自我为中心的、有优越感的”人。

当某个客体关系主题被激活时，它往往也会在梦中浮现，白天发生的事件，激起了某种心理主题，然后就会在梦中以伪装的方式得以呈现。如果你留意感受，再结合你的梦，你会发现两者之间的联系。

一个男子买了一系列健身课，花了不少钱，他内心有些不快，回家吃饭时，和妻子说起这件事情。本想得到妻子的安慰和支持，没想到妻子生气地批评起卖课方，认为他们就知道赚钱。此时，男子不高兴了，觉得妻子好像在批评自己。男子觉察到自己的情绪似乎有点激动，他很长时间纠结于妻子不理解他这一点上。

晚上睡觉时，他梦到了以往的某个场景。早上对梦进行分析时，他对这个场景的联想让他想起大学时的一件事情。当时，他的一个同学打电话给他，托他去某地办件事，但距离较远，交通不便，他内心很想拒绝。当时的他没有拒绝的力量，只好勉强答应下来，随后他整个晚上都感到很沮丧。“答应的事情就要做到”，这一直是他的道德信念。第二天，他花了一整天的时间帮他办了那件事，身体很疲惫，心里也有怨气。在联想过程中，他意识到自己是那么难以拒绝别人，他进一步想起几件与此相关的事情，他体验到一些哀伤的情感，他发现自己经常会因为害怕别人不高兴而放弃自我的主张。

关于买课，他担心自己吃亏了，他为自己难以坚定地拒绝对方而沮丧，本希望妻子能够安慰一下自己，比如说“买这个课是值得的，不用那么在意花钱”，结果却被妻子隐晦地批评了。妻子的批评让他受伤，也激起了他对自己的不满，他为自己难以拒绝别人而生气。这些情感与想法促成了当晚的梦，以及与梦相关的一段回忆。通过对这些感受、梦境以及回忆的探索，他认识到，每当遇到一些需要拒绝或接受别人的情况，如果拒绝了对方，他会觉得内疚；如果接受了对方的要求，他会有失落与对自己的不满，以及轻微的抑郁。这是他经常会有的一个关系主题，而买课的事情再一次触及它。自我分析让他看到这种纠结的体验，理解了它的来源，从而缓解了抑郁与沮丧。

注意事项

一、写给自己看，真实表达

在对感受进行自我分析时，以自由书写的方式来进行，写的时候不用顾虑语法、逻辑、用词等，有了错别字也不用管，只是按思想的流动自由地写下来就行。内心的想法、感受、回忆等是你需要不断呈现的内容。如果过于纠结遣词造句，反而会干扰内心的流动。

由于只写给自己看，所以你尽量用最能表达你感受的词语，无须刻意修饰伪装。比如，如果你对某人产生了愤怒，当你向别人倾诉时你可能会说“我真的很生气”，而在自我分析时，你冒出来的第一句话也许是“我恨不得杀了他”，那么，你可以直接写下这句话。你也可以把那些从来不会和别人说的内容，通过书写的方式给自己看。

在对情绪事件的记录与联想的过程中，只是以联想与回忆为主，而不是马上下结论或者进行一些推论。只有充分避免过早地下结论，才可以绕开理性思辨的阻碍，更多地触及情绪、回忆和联想，才能更深入地打开内心世界。在书写过程中，某个主题，如自尊受伤、关系中的被动、难以拒绝别人、偏执的敌意等往往会自动浮现。

二、留意躯体感受

除了留意情绪感受之外，不要忽略躯体的感受。比如，当你感到生气时，也许你会感觉手在发抖，表情肌僵硬，脸发烫，呼吸急促，拳头紧握，不要忽略这些生理感受，而是如实地将其记录下来。当躯体感受被识别与记录时，相当于在做一种正念的观察，你能与身体的感受更接近，与体验的关系更融洽。当痛苦来临时，你能够与痛苦在一起，观察它，体验它，与它相处。

一位职场人士和她的上司发生了冲突，回家之后她心情很不好，一直在想这件事情。后来，她试着把这件事情记录下来，记下冲突的经过和她所思所想、内心的感受，以及躯体的感受。在写的过程中，她压抑的身体感觉得到了释放，她的呼吸更顺畅了，身体更轻了，胃部的不适感减轻了，身体的温暖感增加了。她慢慢地跳出这件事情，像一个局外人一样看待这次冲突。这种对于事情有距离的观察，让她不再卷入其中，情绪慢慢地平复了，对上司的负面态度也有所缓解，能够客观地评估这件事情。

三、时间和地点的设置

一般建议时间在15—20分钟，具体的时间每个人可根据自己的实践体验来把握，并没有确定的要求。当某件事情发生并带来一些消极感受时，你既可以马上进行自我分析，也可以等到方便时进行分析。要找到安静的不被打扰的空间，你无须分心于其他干扰。给自己一种安全的感觉，可以自由地呈现内心世界。

四、避免情绪沉溺

有些人会沉溺在情绪中冥思苦想，试图通过反复的思考来消除情绪，并找到某个问题的终极答案，结果却被情绪所吞没，越想越抑郁，越想越绝望。这并不是对感受的自我分析所主张的态度。对感受的分析，并不是要消除情绪，而是要打开自己来更好地认识自己；并不是一直沉溺在情绪之中，而是要跳出情绪来看待自己，培养一种对情绪的自我观察的能力。

如果你有情绪沉溺的习惯，那么，建议你在对情绪进行自我分析时，不要花费过长的时间。这也是彭尼贝克教授对表达性书写练习主张的态度，对于某次创伤事件的表达性写作，他建议每次不超过20分钟，总共3—4次即可。时间到了就及时停止，有助于走出这种不良习惯的困扰，做情绪的主人。

第五章

记忆

为什么要回溯过去

记忆具有穿透性的力量，在人的成长过程中，总有一些往事令人难忘。当你愿意花些时间回忆过去的经历时，你往往会体验到一些情感，回忆起当时的人物、情景，甚至内心冲突。对于这些情感的再体验，对于记忆的再次认识，能够带来一次重新审视与理解的机会。心理学家阿德勒说道："记忆有助于个体更高效地认知自我，更准确地理解周围环境的意义。记忆不是偶然存在的，只要存在，就有意义。所以不管记忆清晰还是模糊，近或远，都可以给一个人的成长提供有价值的东西。"（引自《自卑与超越》）

精神分析经常被人诟病的是："精神分析就知道谈过去，事件已经发生，纠结过去有什么用。"有些来访者也会有同样的质疑，他们更想聚焦于症状的解决，排斥谈论过去。不过，局限于症状的讨论容易陷入一个迷宫，越谈越复杂，而从症状中抽身去谈一谈过去的记忆、情感、关系等，往往能够探索到更有价值的主题。

首先需要明确一下，精神分析并非只谈过去，精神分析也谈现在（当下的关系、情感、事件等）。事实上，过去与现在是不可分割的，当我们谈现在时，不难发现过去的影子；当我们谈过去的记忆时，自然也会看到它与现在之间的联系。过去的事件并非过去了就无影无踪了，它停留在人的记忆中，对人有深刻的影响。“记忆对我们的日常生活至关重要，它定义了我们是谁。没有记忆，我们将陷入一个永恒的现在。经历过后，记忆留存，某个经历的内在表征储存在大脑中，之后可以重建并使用。”（引自*Memory engrams: Recalling the past and imagining the future*）这番话让我们认识到，谈论过去是有价值的。

在自我分析中回溯过去，并不是为了追究责任或者改变事件本身，也不是为了分析而分析，而是为了体验和表达情绪，更好地认识和接纳现在的自己，重新认识父母，改善症状，并带来个人历史的整合。

一、体验和表达情绪

很多人会有这样的体会，一件令人羞耻的事情如果刻意不说出来，就会持续发酵，你需要花费额外的能量去压抑，阻止它在意识中呈现。相反地，如果勇敢地说出来，往往会发现事情并没有想象中那么可怕，用于压抑它的能量也就释放了。有些心理咨询的来访者会有这样的体验：本来以为对自己没有什么影响的事件，谈出来之后发现内心潜藏着大量的负面情绪；本来认为已经放下的事情，当重新说出来之后，竟然浮现了很多被忽略的情感。随着不断地对过去回溯，有时还能产生一种放电般的感觉。

一个经常被抑郁困扰的女子幼时曾经有过一次溺水的经历，当时差一点淹死，被送到医院抢救了过来。这件事情她只有模糊的印象，父母之前并没有提过，她是在某一次看书时突然浮现出这种印象，但并没有特别的情绪。在某次咨询中她突然回忆起这件事情，谈的过程中体验到持续十多分钟的恐惧、悲伤和孤独。这个体验一方面释放了压抑的情绪，另一方面打开了新的视角，认识到她潜在的死亡恐惧主题。

让我们留下深刻记忆的生活事件中，总有很多的情绪，有些情绪在过去没有机会得到谈论和理解，如果有机会重新体验与表达它们，会有一种心理修复的作用。在自我分析中对过去事件再次体验，同样具有心理修复的作用。

二、更好地认识和接纳自己

通过回溯幼年时多次分离的经历，一个人理解了自己每当进入一段关系时，总是出现被抛弃的恐惧，他也认识到为了防御可能的抛弃而做的错误努力（比如，提前抛弃别人）。有了这个理解之后，我们会少一些对他的指责，多一些对他的包容，他也能更好地认识到过去所带来的负面影响。同样地，通过对过去的讨论，一个人认识到自己不信任他人，来源于小时候他的母亲经常传递给他的“他人是别有用心的”态度，这个认识让他不愿意去主动靠近别人。

当某个症状、人格特点和过去有了联系，它就能够被承认和尊重，能带来内心的释然，让你更好地理解自己。一个人会认识并相信，症状或问题来源于过去形成的印象，而这种印象可以被现在的关系或行为所纠正。

三、重新认识父母（抚养者），改变内在客体形象

很多人对父母的印象停留在早年形成的印象里，存在着诸多曲解。比如，要么认为父母一直对自己很好，要么认为父母一直不喜欢自己；或者认为母亲很慈爱，父亲很自私，以及母亲一直受到周围人的欺负和虐待，而他一定要去拯救母亲；等等。如果有机会谈一谈幼时的事件，他们往往会有新的认识和理解。比如，认识到慈爱母亲背后的无能与软弱，冷漠父亲背后的孤独与自卑；发现了父母行为中的矛盾之处（一边是物质或身体上无微不至的照顾，另一边是情感上的完全无视）；认识到父母自身的成长经历和性格特点等。这些新认识有助于形成更具现实性的亲子关系，也能改变内在的客体形象。

另外，一个人内在的父母形象并非父母本身的状况，而是经过了自己的理解与加工，孩子会把自己爱或恨的情感投射到父母身上，从而或多或少地曲解父母。通过回溯过去，那些没有被理解的情感有了重新审视的机会，那么，一个人能够以整合的态度看待父母，以新的角度看待幼时事件，其内在的父母形象将被赋予更多的积极色彩。

四、有助于症状的改善

症状往往是以一种象征的方式呈现过去的某个创伤性的经历，当找到两者之间的联系之后，症状往往就有缓解与解决的可能。弗洛伊德提出：“症状的意义在于与患者经验的某种联系……我们的任务就是为每个无意义的观念和每个无目的的动

作寻找出这个观念之所以产生和这个动作之所以需要的过去的情境。”

在《精神分析引论》中记载了这样一个案例。一位年轻妇女多年来被一种强迫症状所困扰：她从一个房间跑到临近的一个房间，站在房间中央的餐桌旁边的位置，按铃叫来她的女仆，或是给她安排一些琐事，或是无事又把她支开，然后跑回自己的房间。她不知道自己为什么要这样做，不过她记得发病前的一件事情。10多年前，她与一个比她大许多的男人结婚，而在新婚之夜，这个男人不举。那个晚上，丈夫曾多次跑到她的房间，尝试了一次又一次，但都未成功。第二天早晨，他生气地说："女仆铺床时，我在她面前真是感到羞愧。"于是，他随手拿起一瓶红墨水倒在床单上，但没有倒到合适的位置。

这位女士没有认识到她的强迫症状与这段经历之间的联系，但弗洛伊德发现了两者之间的关系。在这个强迫症状中，女士首先将自己与丈夫认同，扮演了丈夫的角色，复现了新婚之夜丈夫从一个房间到另一个房间的经历。如果将症状中的餐桌替换成床，将餐布替换成床单，该女士似乎在向女仆表明：那个斑点正处于合适的位置。她通过这个症状表达了一个愿望——丈夫并没有阳痿，他不必在女仆面前觉得丢脸。

让人惊讶的是，这件事情已经过去多年，而且她与丈夫已经离婚，但她依然保留了这个强迫症状，同时，"尽管她还年轻，并且能引发其他男人的需求，但她借着真实的和想象的（魔术般的）理由仍然保持对他的忠诚。她不见生人，忽视自己的外貌；而且她时常独自静坐，拒绝签名，不送礼，不让任何人从她那里得到任何东西”。我们不难发现，这位女士通过无法理解的忠贞和强迫症症状在回避她真正的问题：她对于婚姻与性的矛盾态度。在这个案例中，对过去的谈论让弗洛伊德既理解了症状，也找到了症状解决的途径。

一般来说，症状不会平白无故地产生，我们总能在对过去的回溯中发现症状背后的生活故事，这种生活故事总能在其他方面得到呈现。通过症状回溯过去，让我们了解到一个人的整体。

五、个人历史的整合

那些不想被讨论的记忆，或者无法回忆的经历，如果能够谈论，回忆起来，往往能带来一种与过去的联结感，让一个人成为一个历史性的存在。有些人在成长过程中关键时期的记忆是缺失的，如想不起 6 岁前的事件，忘记了弟弟出生前后的事情，对搬家前的记忆毫无印象。这种缺失会带给他们一种碎片般的感觉，如果这些记忆能够被想起来，一个人会感到完整。

一位来访者在接受音乐治疗时回想起早已去世的奶奶的形象，他一边听着音乐，一边悲伤地哭泣，幼时在奶奶身边的片段一幕幕地浮现出来，他再一次与亲爱的奶奶有了一种心灵的联结。奶奶去世那么多年，他从未有过如此真切的情感体验，这个回忆让他心存感激，也带来与幼时个人历史的联结。

就像我们无法忘却民族的历史一样，我们也无法回避个人的历史记忆。绕开过去其实是一种防御，反映了一个人害怕面对过去经历中的痛苦和创伤，害怕面对真正的问题。习惯性地否认过去的人可能生活在一种自我欺骗中，这种自我欺骗的代价往往是症状和持续存在的痛苦。当他愿意谈论过去，那么，他敢于面对真实的自己，才有机会真正修复创伤，带来心理能量的释放，改善与父母的关系。当然，如果一个人总是纠结于过去，也是一种防御，防御他现在该承担的责任和真正的问题。

早期记忆的重要价值

那些早年的生活经历，大部分被遗忘了，不过，只要你愿意花些心思，总会逐渐地想起幼时的记忆，并发现其中的价值。早期记忆中往往潜藏着一个人重复的生活模式，呈现出一些不为人知的情感和经历，有时候，在回溯过去记忆的过程中，会浮现新的记忆，这些记忆更具有探索的价值。精神分析治疗的目标之一，就是将童年时期遗忘的重新回忆起来。

心理学家阿德勒特别强调早期记忆的重要性。他认为早期记忆反映了一个人基本的生活态度，是个体“早期对生活环境的记忆与评价，其中包括人对自己容貌的了解，对自己的最早概念的确立，其他人对自己的要求等，是综合性的”（引自《自卑与超越》)。哪怕是一个很短的记忆片段，也能反映出一些生活态度，如阿德勒记载了一个女孩最早的记忆：“我被掉落的咖啡壶烫伤了，好惨。”这是一个关于身体受伤的记忆，阿德勒注意到，生活中确实有些女孩习惯用这样的方式来描述她们的生活：生活是孤独的，她们受到了不公平的对待，因此她们经常埋怨别人没有好好地照顾自己，导致她们遇到各种伤害和问题。我们也许可以推测，她对于身体过度关注，害怕身体受损，有时会以生病作为免除社会压力的方式。

一个人的童年记忆有很多与分离有关的主题，如“我一个人在家，等着妈妈回来，熟悉的脚步声出现了，我心里一阵高兴，但结果是邻居回家的声音，并不是妈妈”“爸爸突然不见了，可能和妈妈吵架了，几天后他才回到家里，我心里很害怕，担心爸爸永远都不会回来了”。联系到现在她的亲密关系，她非常珍惜，同时又很害怕对方会突然离开。每当进入一段关系，她就会焦虑、不安、担心，有时希望对方做一些关系的承诺，会注意对方的一言一行，当她觉得对方不喜欢她时，她可能会提前离开。

对于早期记忆的分析往往不能一次完成，需要结合梦和其他的回忆，甚至要向相关当事人进行澄清与回溯后，才能更好地理解。笔者曾在“弗洛伊德，自我分析的开创者”一节中提到弗洛伊德一段早期的记忆：“我看到自己站在一个衣橱前面大叫着要找什么东西，大我20岁的异母哥哥把这扇门打开了，突然我的母亲——看起来很漂亮、很苗条——走进了房间，好像她是从街上回来的。”弗洛伊德对于这段记忆的分析，经历了好几个阶段，还去问了他的母亲，有一次还梦见了小时候照顾过他的保姆。

早期的记忆也会使用象征、移置、凝缩等初级思维的机制。在弗洛伊德的这段早期记忆中，衣橱代表了妈妈的身体，而打开衣橱看看里面有没有人则对应孩子认为妈妈身体里有许多小孩的潜意识幻想。同样地，正如释梦那样，一些被过度强调的特点，往往可以从相反的角度去理解，记忆中对妈妈苗条身材的强调，恰恰与妈妈怀孕期间身材臃肿的形象形成鲜明的对比。早期记忆中还有情感的移置，当小弗洛伊德看到衣橱是空的时，他开始哭泣，其实真实的情感应该是满足，因为衣橱里并没有他幻想中的弟弟或妹妹，这缓解了他的焦虑。哭泣是针对母亲不在身边时的悲伤，但被移置到打开衣橱时的情景中，他以这种方式屏蔽了对即将出生的妹妹的敌意与排斥。

早期记忆不一定完全是过去真实情景的回忆，往往会有主观的加工，甚至有幻想的成分。弗洛伊德在最初治疗一些女癔症病人时，这些病人报告了在童年期被父亲或其他男性长辈性侵的经历，这使弗洛伊德提出了神经症的性创伤学说。但弗洛伊德随后发现，这些经历只是患者们主观幻想出来的，并没有真实发生过，这些幻想表达了她们童年期对男性长辈存在的性愿望。所以，当某段早期记忆太离奇古怪时，我们不用过于惊讶，因为早期记忆可以与幻觉、幻想等结合在一起。

朱建军在《我是谁：心理咨询与意象对话技术》一书中记载了一个男子幼时的记忆：“他小时候有一次病得很厉害，差一点死去。母亲抱着他坐汽车去很远的地方看病。汽车行驶的地方是青藏高原的荒野。他记得有一只狼在汽车外面一直跟着他，看着他。”朱建军认为，记忆中的狼可能只是男孩在患病状态下的幻觉，这个幻觉中的狼有着象征的意义：一是代表他内心对于死亡的恐惧，就像死神那样跟随着他；二是代表他的母亲，一个安慰他、保护他的母亲。幻觉中的狼与童年期的那段经历结合在一起，成了一段早期记忆。

早期记忆中并非只有一个主题，有时我们能够找到好几个重要的主题。我们再来看看另一个男子的早期记忆：“在我差不多3岁时，我爸爸要带着妈妈去生弟弟了，我很想一起去，但妈妈不让我去，我看到爸爸摇着船，载着妈妈离开了。我大哭，奶奶在一旁拉着我。”

这段记忆有两个明显的主题。一是被弟弟替代的心理创伤，弟弟即将出生，男孩感到不安，他即将被剥夺作为唯一儿子的特权，要和一个新降生的弟弟分享母亲的爱，这让男孩特别难过和愤怒。这个男子在生活中的很多焦虑都和失去重要性有关。比如，某个朋友比他更受女孩的青睐，某位同事比他取得了更高的地位，某个人得到更多的关注等，都会唤起他的痛苦和抑郁的情感。二是分离焦虑，在记忆中，妈妈与爸爸离开了他，妈妈与爸爸不愿意带着他一起去。在现实生活中，每当遇到分离的场景时，就会让男子有一些伤感，或者有一些兴奋的行为表现，我们可以从这个早期的记忆中发现一些端倪。在这段早期记忆中，沉默的奶奶也是有意义的。随后的分析表明，这代表了奶奶那种过度内向沉默的性格，以及一直对他情感上的忽略。

有些童年记忆还会在梦中浮现。弗洛伊德在《梦的解析》中记录了一个例子。一个人梦到“看见他以前的家庭教师和他家的保姆同床而卧”，在梦里他还能认得出事情发生的地点。经过与他哥哥核实后确认了这其实是一段真实的记忆。当时他大概3岁，他的哥哥6岁，这对情侣在房间里做爱前，把他的哥哥用啤酒灌醉，因为他还小，他们以为他不知情，所以没有回避他。3岁时目睹他们做爱的记忆就存留在内心深处，在梦境中浮现出来。

不要忽视遗忘的意义

一些缺乏安全感的女子对于丈夫或男友忘记她们的生日会很在意，她们会生气地认为这是对方不爱她们的表现。虽然有些人认为偶尔忘记很正常，没必要小题大做，不过，遗忘并非仅仅是记性差或事情多，有时候确实能反映出潜在的问题。弗洛伊德在《刻意回避：日常生活的心理分析》一书中系统地对生活中经常发生的遗忘现象，如对姓名、专有名词、印象的遗忘，以及口误、动作失误等进行研究，他不断发现的事实是：在任何情况下，不愉快的动机都是遗忘产生的基础。

我们先来看该书中的一个例子。有一次，一位住在维也纳的女士要求弗洛伊德给她代买一个保险柜，他爽快地同意了，并清晰地浮现出商店店面的样子，因为弗洛伊德在几年前曾经很多次路过这家商店，他知道里面有保险柜出售。不过，当弗洛伊德打算前往该商店时，他却无法回忆起这条街道的名字，而且，尽管之后他在附近走了几遍，仍没有找到这家商店，无奈之下他只好拿出地图才找到了地址。让人惊讶的是，当他在那个地段寻找商店时，他几乎走遍了所有的地方，却唯独没有去那个区域。

曾经很熟悉的街道和商店，记忆超常的弗洛伊德却想不起街道的名字并错过了那个区域，这是什么原因呢？对自我探索很好奇的弗洛伊德进行了追忆联想，发现这个遗忘牵涉多年前他与住在这个区域附近的M先生一家的一段恩怨。最初，弗洛伊德与M先生关系很好，他经常前去拜访并路过那个街区；后来，他们之间产生了矛盾，关系疏远了（题外话，弗洛伊德和很多人的关系都经历了这样的过程：布洛伊尔、荣格、阿德勒、弗利斯、兰克……如果要回溯过去，能联系到弗洛伊德与大他1岁的侄子的关系）。我们不难发现，这个遗忘对应着弗洛伊德对M先生负面的情感，因为要回避这些情感，弗洛伊德不但忘了这条街的名字，而且在寻找时不自觉地回避了这个区域。

对于这个遗忘，弗洛伊德总结道："我的厌恶并不是针对这个保险柜，而是针对另一个人（指的是M先生），是一个我不愿想的人，正是这个人在这种情况下发生了作用，因此产生了我的这种遗忘现象。"由这个例子，联系到文中开头的情况，我们也不免去猜测，也许是那些潜在的负面情感（如厌恶、愤怒），使一些男子经常忘记妻子或女友的生日。

我们再来看另一个例子。有一次弗洛伊德外出旅行，在路上与一个陌生旅伴愉快地聊着天，谈话中他提到一个熟悉的画家的画作，但他突然想不起这个画家的名字（画家的名字叫"Signorelli"）。经过一番努力，他仍然回忆不起来，却想起另外两个与这个画家熟悉度相仿的画家的名字（分别叫作"Botticelli""Boltrafrio"），这叫作替代记忆。弗洛伊德没有放下这个遗忘，一番探索后发现了与之有关的一段痛苦经历。

我先来交代一下背景信息。当时，弗洛伊德与旅伴的谈话涉及居住在波斯尼亚和黑塞哥维那（分别叫作"Bosnia""Herzegovina"）的土耳其人的两个风俗。其中一个风俗是这些土耳其人都十分信任医生，而且相信命运，如果一个医生告诉别人，他对某个病人已经做了他能做的一切，这些土耳其人都会做出这样的回答："先生（Herr），还能说些什么呢？如果他有救的话，你一定会救活他。"第二个风俗是这些土耳其人认为性快乐的价值高于一切，如果出现性障碍无法完成性行为，他们会感到极度失望，并认为还不如死去。弗洛伊德一位同行的患者曾说过这样的话："先生（Herr），你要知道，如果没有这种快乐，便意味着生命的结束。”这两段话进一步联系到几个星期前发生的一件事情，当时，弗洛伊德在位于意大利北部提洛尔的一个小村（Trafoi）短暂停留，他付出很大的努力为一位性障碍的患者进行治疗，却没有取得成功，而且可惜的是，这位病人最终自杀身亡（我们能想象这件事情一定让弗洛伊德非常不愉快）。

那么，这一切是怎么导致弗洛伊德难以回忆起“Signorelli”这个名字，以及出现了替代记忆（“Botticelli”“Boltrafrio”）呢？在德语中，“Signor”有先生的意思，与弗洛伊德关于土耳其风俗的两段谈话中出现的“Herr”是同样的意思。因此，“Signor”就被压抑下去了，因为它对应着两段土耳其风俗的回忆以及与之相联系的弗洛伊德未治愈的性障碍病人自杀的事件。而“Signorelli”中的“elli”在名字“Botticelli”中，地名“Trafoi”在名字“Boltrafrio”中得到了呈现；这两个名字开头的“Bo”对应着有土耳其人居住的地名“Bosnia”。因此，由于对痛苦记忆的抵抗，弗洛伊德想不起“Signorelli”，却浮现了“Botticelli”“Boltrafrio”这两个熟悉度相近的画家的名字，而这两个画家名字中的音节又与弗洛伊德那段经历中的地名相关。

弗洛伊德最后评论道：“实际上，我要忘掉的、压抑的，并不是“Signorelli”这个画家的名字，而是其他内容，因为这个画家的名字会使我联想到这个内容，因此我便做出努力消除这个靶子，忘了与我的意志不一致的东西，同时忘了与此有关的内容。”

这两个例子表明，遗忘并不是没有意义的，遗忘的背后往往有心理冲突的影响，有一些不想面对的记忆或情感。现实生活中不乏这样的例子。一位秘书在拟好的通知名单中没有写上某个同事的名字，当别人指出来时她才恍然大悟。其实她所忘记的同事恰恰是她不喜欢的人，通过忘记这个名字，她回避体验到输入这个名字时所产生的不舒服的情感，并以这种方式表露出对对方的攻击。一个男子总是满口答应别人的求助，事后却忘得一干二净。其实，当别人请求他帮忙时，他并不愿意，只是要面子的他不好意思当面拒绝。通过遗忘，他既潜意识地表达了拒绝，又不用去面对被人要求时的反感与排斥。

在心理咨询中，经常会有来访者忘记付费、忘记预约时间的情况。每当这种遗忘发生时，咨询师都会邀请来访者谈一谈。这种遗忘一般来说都是有意义的，也许是来访者对咨询师负面移情的表露，也许是对于探索令人痛苦情感的回避，或者是对于继续咨询的抗拒等。

在《刻意回避：日常生活的心理分析》一书中，弗洛伊德记载了他的一个来访者的例子。这位来访者马上就要休假了，在休假前与弗洛伊德有最后一次治疗，并需要支付这一阶段的费用。他在治疗前一天晚上准备好了需要支付给弗洛伊德的费用，并锁在抽屉里。但第二天出发去接受治疗前，他却找不到抽屉的钥匙，翻箱倒柜也找不到。于是，他只好拖延付费，而之后是约定的假期，这意味着弗洛伊德有很长时间收不到这笔钱。等到完成这次治疗后回到家里，他马上想起了钥匙放置的位置，钥匙夹在他昨天晚上整理过的两本书中间。弗洛伊德认为这个遗忘表明来访者不想支付那么昂贵的治疗费（也许还有分离焦虑的表达，通过欠费，来访者希望弗洛伊德记住他）。

一位网友留言道："曾经有段时间，在难以抉择的时候，很渴望那个自己一直都需要的人替自己做出决策，可是怎么也想不起那个平时倒背如流的号码，在最需要的时候却想不起来，等到想起来的时候，却走上了另一条路。"这必然是一次有意义的遗忘，至少我们可以猜测到这位网友与那个熟悉的人之间的负面情感，也许是这种情感，阻碍了手机号码在关键时刻浮现。

俗话说"受恩勿忘"，这本身表明，受恩之后的遗忘并不少见，我们也经常能看到类似的报道。也许，受恩者容易忘恩，是为了避免体验到受人恩惠时的羞耻与自卑。有一些人容易丢三落四，忘东忘西，给人一种马虎的印象。其实他们并不是天生记性差，而是不自觉地通过这种习惯性的"遗忘"，去表达一些无法直接表达的拒绝与不满。

在梦的分析过程中，梦者有时会想起之前没有回忆起的梦的片段，这些片段往往更有价值，因为它们的背后会有一些梦者不想面对的情绪或记忆。在心理咨询过程中，来访者那些想不起来的，或者放在咨询最后时间才来谈的，以及经常避免谈及的话题，往往也意味着他们在不自觉地回避一些让自己痛苦的情感，敏锐的咨询师要识别它们并及时提醒和讨论。咨询师还需要主动地问及一些没有谈到的内容，而不应轻易地错过，或者被动地等待来访者提及。将遗忘的东西重新想起来，是精神分析的任务之一。

尼采曾经有一句精辟的话："我的记忆告诉我，的确做了某件事，但我的自尊心却说不可能做过。我的记忆最终投降了。"如果你喜欢探索自我，那么，当你产生了某种遗忘，你就不要仅仅把它当成随机现象，不妨留意这个遗忘的出现，通过自由联想的方式去回忆那些与遗忘有关的经历，也许会有一些有趣的发现。

记忆中的隐喻和象征

隐喻和象征是潜意识的语言，往往以一种形象化的方式来传递某些很难直接说出来的意思。这些意思如果直接说出来，要么会落人口实，要么显得低俗不堪，而如果通过隐喻和象征的方式来表现，就可以避免可能的危险，并能隔离一些情感。

对隐喻和象征的识别，有助于探索背后的情感和记忆。某人的早期记忆中，有一次妈妈背着他去医院，他印象深刻的是妈妈穿了一件外套，这件外套旧旧的，看上去有点怪。外套一般有保护的含义，记忆中这件让人不舒服的外套象征性地表现了母亲对他的保护有让他觉得别扭、不舒服的地方。这个发现让他进一步联想到不久之前做的一个梦：“我穿了一件外套，与妈妈在外面做事，后来发现外套不见了，就醒了。”梦中的外套比较奇怪，有白色的和黑色的点，像20世纪60年代的人穿的外套，材质很平常又很正式。这件外套他在梦中穿了很久，虽然他很不喜欢这件外套的款式。

早期记忆以及梦中这件旧旧的、款式不令人喜欢的外套，其实隐喻了他与母亲之间的关系。他与母亲之间表面上是有联系的，也是相互需要的，但缺乏情感上的温暖、亲密和舒服。小时候，在他需要妈妈的时候，妈妈总是很忙而不在身边；在爸爸伤害他、他需要保护的时候，妈妈有时却站在爸爸那边，责备他不懂事。而有的时候，妈妈却给他一些过于特殊的照顾，如偷偷塞给他零花钱而不给弟弟。每次面对妈妈，虽然有亲切与温暖的感觉，但又会有烦躁、害怕和拒绝的情感。他进一步联想到现在与女友的关系，两人虽然相处时间很长，但他迟迟不愿意结婚，他在与女友的关系中体验到了类似的情感：一方面，他渴望得到女友的温暖、关怀与保护；另一方面，他内心对女友有点不满，觉得她不关心他，过度在意工作。

我们不难发现，记忆中和梦中的外套，都象征性地呈现了他对母亲的矛盾情感，只要对外套进行自由联想，并了解其中所包含的象征意义，我们就不难发现背后的心理主题。荣格在《人类及其象征》中记载了他做过的一个简短的梦：“有个人试图绕到我背后，跳到我的背上。”荣格对这个人一无所知，只是联想到，有个人不知怎么重新提起他说过一些话，但对本意进行了严重的歪曲。荣格联想到此类事件在他的学术生涯中发生过很多次，有些人断章取义地阐述他的观点，对于这种情况，他已经不想再生气了。这个梦以一种隐喻的意象“跳到我的背上”表达了“不管你怎么说，我已经不在乎了”的意思（在奥地利方言中，以一句“你可以爬到我的背上”来表达“我根本不在乎”）。

有时候，我们的早期记忆看上去是无关紧要的，好像是一些生活琐事，但是，如果对这些记忆进行进一步的探索，往往也会发现重要的内容。这些保留在潜意识里的童年记忆成为一个“掩蔽性记忆”，有价值的记忆隐藏在这些记忆后面。这些“掩蔽性记忆”中出现的事物，有的具有隐喻和象征的意义。

弗洛伊德记载了一个人5岁时的记忆：“他坐在花园亭子下面的一张小椅子上，旁边是他的姑姑，正在教他认识字母。小家伙很难区分字母m和n，所以就问姑姑怎样才能把它们区分开，姑姑说，m比n整体上多了一笔，即第三笔。”（引自《刻意回避：日常生活的心理分析》）这个看上去无关紧要的记忆却对应着其他的重要内容：他当时要了解m和n的区别，后来他便急于知道男孩和女孩的区别，而且想让他的姑姑告诉他这些区别。他也会发现男孩在整体上比女孩多了那一部分（指的是年幼的男孩发现自己有阴茎，但女孩没有）。当他懂得了这样的知识后，他便唤起了这段与童年的好奇相应的经历。

无论是对梦的分析，还是对幻想、记忆的分析，理解隐喻和象征的能力是非常重要的。无论是在日常生活中，还是在梦中，均充满了隐喻与象征的表达，只要适当地留意和思考，你对于识别这些表达方式的能力就会提升。在这里再举一些例子。

石头：可象征情感麻木。比如，一个人梦到自己变成了一块石头，这也许意味着，他感觉到自己的情感变得枯竭，他与周围人的关系越来越疏远了。一个女子在咨询中评价咨询师“像一块石头”，这意味着，她可能将自身情感麻木的状态投射到了咨询师身上，无法体验到一种生命的活力。

马：可象征男性力量，活力、权力。一个中年女子在沙盘游戏中，摆上了好几匹骏马。我们不难猜想她内心对男性气质的向往，这些骏马也许象征了男性在她心中的印象，以及她渴望拥有这种男性品质。

车子：车子可以代表自我。车子的品牌质量能够反映出一个人对自我的评估，这可能是为什么很多人喜欢买好车的心理原因。比如，梦到开宝马车或奔驰车，意味着对现状满意，有一种成就感和高自尊状态；而梦到自己的车子很破旧，也许反映了明显的自卑感。梦到自己的车被别人撞了，也许象征了自尊受损的体验，或者身体受伤的记忆。

飞机：飞机的快速上升可以象征冒险、不可知的状态，隐喻生活中的急剧变化。正在降落的飞机表示一份新事业的成果，或者一场计划严密的冒险取得了预期的成功。一个人经常梦见赶不上飞机，或者在最后一刻上了飞机，但现实生活中他一般会提前两个小时到达机场，而且从未错过飞机。梦中的飞机象征了一种对于生活急剧变化的压力感与焦虑感，他以赶不上飞机来隐喻内心不愿意面对生活变化的愿望。

症状与被压抑的记忆

在精神分析的开创性著作《癔症研究》一书中，布洛伊尔和弗洛伊德记载了一些癔症病人的案例。这些病例的一个共同点是：一些关键记忆及其伴随的压抑情感，是这些心理成分的压抑导致症状的形成，同时，有一股力量阻碍它们被人知晓。我们可以从两个例子中发现这种现象。

一个例子是布洛伊尔的病人安娜·O，在她患病期间（1880—1882年），有很多癔症症状："她的身体右侧两肢患有僵直性麻痹，伴有感觉丧失；而且左侧也不时受到同样病症的影响。她的眼睛运动失调，视力受到多种阻碍。她的头摆动困难，还患有严重的神经性咳嗽。她厌食，有一次尽管渴得难受，但一连几周无法喝水。她的语言能力下降，甚至到无法听、说自己母语的地步。最终，她陷入失神、错乱、谵妄，以及整个人格都发生改变的状态。"（引自《癔症研究》）

这些症状都来源于过去曾经发生过的、带有强烈情感的被压抑的记忆。比如，安娜·O曾经有持续6周无法喝水的症状，

“她端起水杯，非常想喝水，但杯子一碰到嘴唇，她就像患了‘恐水症’的病人把杯子推开了。为了减轻折磨人的口渴，她只能以西瓜等水果解渴”。（引自《癔症研究》）在催眠的状态下，安娜·O回忆起她年幼时的一个经历，她家当时有一个女佣，这个人她并不喜欢，有一次她走进这个女佣的房间，发现女佣的狗在喝一个玻璃杯里的水，这让她很厌恶，但出于礼貌，以及习惯性压抑情感的性格，她当时没有说什么，随后便压抑了这段记忆。当回忆到这个场景，她幼时压抑的愤怒一股脑儿地发泄出来后，她不能喝水的症状就消失了，立马就喝下了大量的水。

布洛伊尔得出一个结论：“当治疗师能使患者把激发的事件及其伴随的情感清楚地回忆起来，并且患者尽可能详细地描述这个事件，而且能用言语表述这种感情时，癔症症状就会立刻甚至永久地消失。”（引自《癔症研究》）而如果在回忆时没有触及任何情感，就不会有这样的效果。

布洛伊尔用同样的方法治愈了安娜·O的其他症状，如安娜·O曾经出现时轻时重的右臂麻痹和瘫痪症状，在一次催眠过程中，她最终回忆起与该症状第一次出现相关的一个场景。当时，安娜·O的父亲因为胸膜炎卧病在床，她一直陪在床边照料父亲。一次她在半夜醒来，心中非常焦急，因为她的父亲正在发高烧，她急切地盼望着一位从维也纳来的医生快点给她父亲做手术。她的母亲刚出门，安娜坐在床边，右手搭在椅背上。她处于半梦半醒之间，恍惚看到一条黑色的蛇从墙角向病人爬去，要去咬他。她试图把蛇赶走，但是好像她的全身都麻木了。她搭在椅背上的右手失去了知觉，像被麻醉了似的动弹不得。当她看自己的手时，发现手指都已变成长着死人脑袋（指甲）的小蛇。当蛇消失后，她在惊恐中想要祷告，却发现语言难住了她。她找不到自己能说的语言了，直到最后她想到几句英语童谣（她的母语是德语），然后她发现自己只能用这门语言来思考和祷告了。当病人在催眠的状态下回忆起这一情境时，曾经在患病一开始就严重折磨她的右手臂麻痹一下子就消失了。之后，她言语紊乱的症状也消失了，治疗宣告结束。（参见《精神分析运动史》《癔症研究》）

第二个例子来自弗洛伊德，他也接待过一个年轻的女性癔症患者（行走时觉得腿痛，走路和站立时很容易疲劳）。访谈中发现，这位姑娘对她的姐夫有一种喜欢的情感，这种情感借亲情掩盖起来，她自己也很难意识到。不久之后，她的姐姐生病去世了，当这个女孩赶到死去的姐姐床前，有一个念头在她脑海里闪过："现在他自由了，可以娶我了。"因为情感上的排斥，这个念头随后被压抑了。后来这位姑娘出现了严重的癔症症状，当她接受弗洛伊德的治疗时，完全忘记了这幕场景以及当时脑海里冒出的念头。随着治疗的进行，她最终回忆起这个场景和这个念头，并伴随着极其强烈的情感，此后，她逐渐恢复了健康。

由此看来，我们只要探索到症状背后压抑的记忆及其伴随的情感，症状就能缓解或痊愈。不过，这个过程并不容易，因为有一股力量在阻碍着记忆的浮现。在这两个案例中，治疗师运用催眠的方法绕开了这股阻碍的力量。

那么，这股阻碍的力量来源于哪里呢？弗洛伊德后来放弃了催眠的方法（因为他不是很擅长催眠），改用自由联想的方法。他发现通过自由联想也能让患者回忆起相关的经历和情感，只是要克服阻抗的作用。在治疗中，当接近一些重要的主题时，病人会以一些没有清晰认识到的行为来表达抵抗，如自由联想失败，远离所涉及的主题，沉默，甚至突然结束咨询，等等。精神分析中自由联想的要求对患者潜意识的愿望与冲动构成诱惑，压抑的材料越接近意识，抵抗的力量就越强。所以治疗中有时会出现一种现象：一些症状不谈还好，越谈可能越强烈。当压抑的材料要突破意识的屏障时，症状反而会加剧。

整个精神分析的理论，实际上都建立在对阻抗的理解上。“一种精神力量……最初将致病性的意念驱赶到联想之外，而现在则阻止它再回到记忆中。癔症病人的‘不知道’实际上是‘不愿意去知道’——一种可以或多或少意识到的不愿意，因此治疗的任务就是战胜对联想的抵抗。”由此看来，形成症状以及阻碍症状的康复其实是同一个来源。那么，它到底来源于何处呢？

对于压抑的记忆、愿望和冲动的分析发现，“这些愿望冲动与患者的其他愿望形成鲜明的对照，并被证明与人格中的伦理标准和审美标准格格不入。它们发生过短暂的冲突，这种内在冲突的结果是，把这种不可调和的愿望输入意识中的念头成了压抑的牺牲品，并把与此相关的记忆一起排除在意识之外，并从此遗忘了。因此，与患者自我不相容的愿望是压抑的动机；患者的伦理标准和其他标准是压抑的力量”(引自《精神分析五讲》)。后来，随着弗洛伊德人格结构理论（本我、自我、超我）的建构，阻抗及压抑被认为是超我主导的，“压抑是超我的工作，或者由超我亲自实施压抑，或者由自我依其命令实行压抑”(引自《精神分析新论》)。

由于压抑力量的存在，症状像梦的形成机制那样，往往以象征的方式代表了被压抑的痛苦记忆。“神经痛是继精神痛苦之后，呕吐是继道德厌恶感之后。我们研究过的病人几乎全部是这类象征作用的病人。”(引自《癔症研究》)一位女子在丈夫出轨后出现了难以吞咽的症状，对食物难以吞咽的症状象征性地表达了“难以下咽”的精神痛苦。

对压抑记忆的探索需要不断地克服阻抗，心理治疗过程中对阻抗的不断克服，其实也在潜移默化地改变着一个人的人格结构状态：改善与本我的关系，让本我的力量以升华的方式为自我所用；让超我变得柔和，不再是一味的命令和禁止，而是能够有一定程度的宽容和弹性；一个增强的自我处理现实压力的能力也得到提升。一旦自我变得强大了，有关外部世界的现实性焦虑、有关超我的道德性焦虑和有关本我激情力量的神经症性焦虑，均会有所减缓，症状也就没有存在的必要了。

如何对记忆进行自我分析

在每一次咨询开始时，咨询师往往会发出这样的邀请："今天有什么想说的吗？"有些来访者会谈起最近发生的某件事情，或者早年的一些经历，或者昨晚做的一个梦等。咨询师认真地倾听，首先要听懂来访者想表达的意思，再去认识来访者可能浮现的情感，同时留意咨询师自身的情绪情感；然后，咨询师会通过总结、澄清、解释等方法，去推动进一步的探索和回忆。

自我分析时，可以用类似的方法对记忆开展工作，主要在"联想，回忆，感受的体验与识别；继续联想，回忆，感受的体验与识别……"的过程中来回摆荡，逐渐地浮现更多的回忆和情感，有时，会浮现某个心理主题。这些主题的浮现往往会激发你更多的联想与回忆，并进一步探索到一些曾经被忽略的事件和情感。这是一个内心探索与整合的过程。

对记忆的记录与分析

一个爱好自我分析的人在一天早上醒来，因为晚上梦境的影响，他浮现了一段模糊的记忆，于是把它写了下来："有一次我与小伙伴一起去小学的仓库，小伙伴带着我去偷仓库里放着的羽毛球拍。我有些害怕、担心地爬上窗户，然后拿走了两个羽毛球拍。突然间，仓库的门打开了，校长出现了，他大声地呵斥。我们赶紧跳下去，一溜烟儿跑了。”

他不太清楚这是一段真实的记忆，还是一段虚构的记忆，或者仅仅是梦的片段，在书写这段记忆时，他体验到一种微微的害怕，他认识到一个主题：在小学阶段的很长时间里，他都有一种“被发现”的担忧，他一直担心校长会找上门来，这件事情被父母知道。对于幼时的他而言，这是一件很可怕的事情。

这个觉察让他进一步想起第二段记忆：“这是在我读小学期间，那段时间，小伙伴们没有钱，我们会去捡一些铜丝铁片，卖给收破烂的小贩换些钱，可以用来买零食吃。有一天我在邻居家玩，邻居家的新房子刚刚盖好，一些还没安装好的电线露在外面，我偷偷地用小刀把这些电线割了下来，准备攒起来卖，当时心里有一种得意的窃喜。那天傍晚，我突然听到邻居家的男主人在外面大声地说：‘谁那么坏，割了我们家的电线！我们家的开关都装不了了，真是作孽啊！’周围人议论纷纷，有的人猜测可能是路人干的，有的人猜测是村里顽皮的小孩干的，但根本没有人怀疑我。当时我听了之后，心里有些得意，心想你们肯定发现不了。后来越想越害怕，担心被人发现，那太可怕了！当我在偷拿电线时，完全没想到这件事情竟然会那么严重。后来虽然大家并没有发现这件事情是我干的，但每当想起来，我就会有后背发凉的感觉。我为自己糟糕的行为而自责、内疚、后怕。真不敢想象如果当时这件事情被人发现了，大家会怎么看我。”那种自尊崩溃的恐惧，那种万一被发现的羞耻与害怕，一下子被他体验到了。

很快地，他的脑海里浮现出另一段记忆：“小学时有一个很要好的同桌。在四年级暑假放假前的一天，不知道因为什么，我和同桌发生了争吵，那天我不知道是被别人怂恿还是怎么的，还动了手，用凳子砸了过去。当时看到同桌头上出血了，我很害怕，赶紧和小伙伴一起逃回了家。整个暑假，我经常会想起这件事情，生怕同桌的父母会来找我，有时还会被噩梦吓醒。新学期开学后，同桌没有来，听老师说，他转学了。这既让我有些宽慰，也让我很担心，我担心我砸了他之后，他受伤很严重，以致变傻或者死亡。”

在这三段记忆中，他发现两种深层的情感：因为伤害别人或者做错事情而产生的内疚和自责，以及被发现之后自尊崩溃的恐惧。这些情绪激起了他更多的联想和回忆。

关于内疚感，他想起曾经有过的对自己过于苛刻的要求，如当他走出房间时，一定要把灯关了，否则他会觉得很浪费，很自责。他时刻为别人着想，只要别人对他提出要求，他一般都会无条件地答应，严重地忽略自己。他觉得为自己着想是自私的表现，只有为别人服务才能缓解这种压力。他突然意识到，在小学四五年级之后的某段时间，他很想做好事，成为一个好孩子。比如，主动帮助老奶奶过马路，说一些只有成年人才会讲的客气话，非常愿意为了别人牺牲自己。当时他并没有意识到，但此时他突然发现，这些行为只是在消除那个错误行为所带来的内疚，他在为过去的错误行为赎罪。

对“被发现”的恐惧在他的生活中也有许多呈现，如他担心别人会发现他并没有想象中那么好，他不值得拥有现在的好东西。因此，他对于美好的事物总存在矛盾的心理。他脑海中还浮现出以前做过的一个梦：“我将自慰之后一团用来擦拭精液的纸放在教室的角落里，教室里一下子有了很多人，我担心这团纸会被大家发现，于是，我努力找寻机会去捡起这团纸，但一直找不到合适的机会，我担心有人会注意到我的异常。不过后来一想，哪怕被发现了，也没人知道是我扔的。”这个梦让他进一步想到青春期与自慰有关的一些记忆，以及对“被发现”的恐惧。他认识到，他一直有一种潜在的恐惧，就是被人发现在做一些见不得人的事情，或者有什么秘密。

在这个例子中，由一段模糊的记忆开始，通过自由联想便探索到过去更久远的记忆，以及诸多困扰的情感。记忆中的情感和冲突，同样会在梦中得到呈现，释梦过程中会浮现过去的记忆，对记忆的分析过程中同样会回忆起曾经出现过的梦境。

对记忆开展工作并非一次就能完成，在不同的时期会有不同的记忆浮现。有时候，一次聊天，听某个课程，看到某个电影片段，看到书上的某个例子都会勾起你的联想和回忆，那么，你可以把这些内容记录下来。比如，一个女孩听一个男孩说起他1岁左右时，母亲把他送到某地寄养的经历，她也浮现出类似的模糊印象，不过并不明确。于是，她主动去问了母亲，母亲承认，在她一两岁时，有一段时间会把她放到隔壁的一位老奶奶家几个小时，下班之后就会把她抱回来。在她听母亲说的过程中，她浮现了一种哀伤以及对母亲微微生气的情绪。

注意事项

一、记录与分析你的梦

梦常常会使人想起一些早已淡忘的记忆，所以留意你的梦，有助于挖掘那些对你有影响的过去的事件。童年重要的记忆有时会以一种隐喻或暗喻的方式在梦中呈现，一经联想就能想起。弗洛伊德评论说："人们越是深入地分析一个梦，就越有更多的机会找到童年经验的踪迹，它们在隐梦来源中起着一定作用。"（引自《梦的解析》）所以，记录与分析梦是探索你过去记忆的捷径。

通过"植物学专著"的梦，弗洛伊德回忆起小时候父亲和他们玩过的撕书游戏，还回忆起中学期间校长对他不放心，以及一次植物学考试差点不及格的经历，这些事情中共同的主题是对自己的价值是否被承认的疑虑。通过"伊尔玛打针"这个梦，弗洛伊德唤起了好几段失败的经历以及伴随的沮丧与自我怀疑，这个梦努力为自己开脱，维护自尊。在另一个梦中，3岁前的经历甚至直接入梦了，梦者向他的哥哥求证后才得知，这个梦的片段是一个真实发生的事件（保姆与家庭教师私通之梦）。

二、当因为促发因素浮现一些记忆片段时，不要轻易错过

有时候，我们会在与人相处中，看到某些场景，或者闻到某些味道，自动浮现一些回忆。

荣格记录了一个例子：一位教授与他的学生走在乡村小路上，他们正在全神贯注地进行严肃的谈话。突然之间，教授注意到，他的思路被源于他童年时代的一种出人意料的记忆片断打断。他无法解释这种精神涣散是出于何种原因。他所谈论的话题中仿佛没有任何东西与这些记忆相关。回首环视，他看到自己刚刚走过一家饲养场，而这些童年的记忆在他的心中油然而生之时正是他越过饲养场之际。他向他的学生提议，他们应该走回引发他的幻觉的地点。当他们走回那里时，他注意到了鹅的气味，他即刻认识到，正是这种气味引发了他的记忆。童年时代，他居住在一个养鹅的饲养场，鹅所特有的气味给他留下了一种持久的但被遗忘的印象。在散步的途中，当他走过饲养场之际，他潜意识里注意到这种气味，接着这种潜意识知觉唤起他早已忘却的童年时代的经历。（参见《人类及其象征》）

当这些触发的记忆浮现时，我们往往会略微想一下就让它们飘走了。你可以留意这些记忆，方便时就把它们记录下来。在记录的过程中，你会更具体地呈现这些记忆，与记忆相伴的情感也有机会被你重新体验，与此相关的其他记忆也得以浮现。

一个男子看到窗外飘扬的雪花，脑海中突然冒出一段记忆，这是在他10岁那年的事情。他带着表弟外出，那天天气很冷，下了很大的雪，他穿了一双阿姨送给他的、表哥穿过的鞋子。

他强调说，这双鞋子不但是旧的，而且补过很多次。他穿着这双鞋子，在回来的路上，鞋子的底快掉下来了，他只能无奈地平移着鞋子往前走，雪水进入了鞋子，脚很冷，他忍着痛回到了家里。回到家之后他没有向妈妈说这件事情，而是自己打了热水泡了脚，妈妈还责怪他把水弄得到处都是。

在这段记忆中，这个男孩的脑海中呈现了一段被冷酷对待的记忆。他只能穿表哥穿过的、补了很多次的鞋子，这隐喻了他可能是一个被忽略的、没有地位的孩子。另外，记忆中的寒冷隐喻了家庭带给他的感觉，一种无处不在的寒意。当他回家之后，他并没有向妈妈说起这件事情，这意味着，他认为他的痛苦似乎是无法被人接纳的，因此他只能选择自己默默地忍受。所以，这段记忆既呈现了他的痛苦和应对痛苦的方式，同时也展现了他的内在客体关系模式：一个冷漠、不关心的客体和一个受伤、可怜的自体，以及伴随的孤独和抑郁。

三、不一定每个记忆都有意义，只管记录，搁置判断

当某一段记忆浮现时，你不要轻易地错过，也不要仅仅停留在脑中思考，而要尽量拿出纸和笔，或者打开电脑，把这段记忆记录下来。如果你不愿意记录，也可以对着录音软件倾诉与回忆。在记录、回忆的过程中，更多的人物、情感、活动、内心体验等会被你回忆起来，这些都是自我探索的重要材料。这个过程遵循自由联想的原则，将对错、是非的判断搁置一边，尽量只是回忆与联想。

就像在心理咨询中，报告的某个梦或某个记忆，有时我们并不能对此了解太多。但也许在某一刻，你会突然领悟到该梦的片段或记忆中所蕴含的意义，而且这个意义会激发出其他意义。因此，自我分析也与心理咨询一样，不要急于得出一个结论，而是先把它放在一边，等待某些新内容或新意义的浮现。我们知道，弗洛伊德对那个关于衣橱的早期记忆，也是经过了多次分析，才更清晰地了解其含义的。

四、对某些记忆片段，适当求证

皮克沃斯·法罗曾在自我分析中联想到一个长而尖的牛角的形象。他不确定这是记忆还是幻想，后来他问了他的哥哥，哥哥告诉他，这个牛角就挂在他们家房子的餐厅门口。这一证实让他发现了自己的“心理盲点”，以及与牛角有关的恐惧体验。弗洛伊德在对于“衣橱”的早期记忆的分析过程中，某次梦到了小时候的一个保姆，他不确定这个人是不是存在过，于是向他的妈妈求证，并得知了关于这个保姆的一些情况，这些来自妈妈的补充信息让他对这个早期记忆有了更好的理解。

对于早期记忆，你可以向父母或其他当事人求证，有时，会听到一些背景材料，这些材料有助于更好地理解这段记忆。同时，关于早期记忆的讨论也是一次更深入的交流方式，亲子双方都有机会回溯过去，体验一些被压抑的情感。关于早期记忆的求证能让你进一步认识自己和父母，发现原生家庭存在的问题，或者有机会修正一直以来的误解。

参考文献

1. 简 · 米尔顿等著，施琪嘉、曾奇峰主译. 精神分析导论，中国轻工业出版社，2005.

2. 卡伦 · 霍妮著，许泽民译. 自我分析，贵州人民出版社，2004.

3. 西格蒙德·弗洛伊德著，杨韶刚译. 精神分析运动史，见：弗洛伊德文集（第五卷），长春出版社，2006.

4. 西格蒙德 · 弗洛伊德著，朱海龙译. 刻意回避：日常生活的心理分析，中国法制出版社，2018.

5. 西格蒙德 · 弗洛伊德著，吕俊、高申春译. 梦的解析，中国法制出版社，2019.

6. 彼得 · 盖伊著，龚卓军、高志仁、梁永安译. 弗洛伊德传，商务印书馆，2015.

7. E. Pickworth Farrow & Sigmund Freud. Analyze Yourself：Enabling Anyone to Become Deeply Psycho-analyzed Without A Personal Analyst，International Universities Press, 1945.

8. Sigmund Freud. Remember，repeating and working

through，见：The Complete Psychological Works of Sigmund Freud, Vintage, 2001.

9. 王翼、刘悦、刘娟．写下你的创伤——表达性书写治疗创伤后应激的循证依据，来自：https://www.xinli001.com/info/100380821.

10. James W. Pennebaker. Expressive Writing in a Clinical Setting. Independent practitioner. 2010.

11. 西格蒙德·弗洛伊德著，张爱卿译．精神分析引论，见：弗洛伊德文集（第四卷），长春出版社，2006.

12. 西格蒙德·弗洛伊德著，葛鲁嘉译．精神分析纲要，见：弗洛伊德文集（第五卷），长春出版社，2006.

13. 阿尔弗雷德·阿德勒著，曹晚红、魏雪萍译．自卑与超越，汕头大学出版社，2010.

14. 约瑟夫·布洛伊尔、西格蒙德·弗洛伊德著，金星明译．癔症研究，见：弗洛伊德文集（第一卷），长春出版社，2006.

15. 厄内斯特·琼斯著，张洪量译．弗洛伊德传，中央编译出版社，2018.

16. 西格蒙德·弗洛伊德著，贺岭峰译．精神分析五讲，见：弗洛伊德文集（第五卷），长春出版社，2006.

17. 霍大同．无意识思维的两种形式——梦与汉字的比较研究，汉字研究，2001.

18. 西格蒙德·弗洛伊德著，高申春译．论梦，见：弗洛伊德文集（第二卷），长春出版社，2006.

19. 埃里希·弗洛姆著，郭乙瑶、宋晓萍译. 被遗忘的语言，国际文化出版公司，2007.

20. 西格蒙德·弗洛伊德著，贺岭峰译. 论释梦的理论与实践，见：弗洛伊德文集（第二卷），长春出版社，2006.

21. 托马斯·奥格登著，张旭译. 精神分析艺术，北京大学出版社，2008.

22. 西格蒙德·弗洛伊德著，孙庆民译. 作家与白日梦，见：弗洛伊德文集（第七卷），长春出版社，2006 .

23. Julia Segal. Ideas in Psychoanalysis Phantasy. Icon Books, 1996.

24. 袁武. 白日梦——金庸武侠小说的实质，贵阳金筑大学学报（综合版），2001.

25. 小sci. 性幻想那些事：没这么污，男女存在差异，来自：https://zhuanlan.zhihu.com/p/40876083.

26. Jayne Bigelsen, et al 2016. Maladaptive daydreaming: Evidence for an under-researched mental health disorder. Counsious and Congnition, Vol (42) : 254–266.

27. Somer, E. 2002. Maladaptive daydreaming : A qualitative inquiry. Journal of Contemporary Psychotherapy volume (32) : 197–212.

28. Sigmund Freud. Hysterical phantasies and their relation to bisexuality, 见：The Complete Psychological Works of Sigmund Freud, Vintage, 2001 .

29. 西格蒙德 · 弗洛伊德著，李韵译 . 弗洛伊德五大心理治疗案例，上海社会科学出版社，2014.

30. Kellerman, Henry. The Psychoanalysis of Symptoms, Springer Verlag, 2007.

31. 梅兰妮 · 克莱因著，吕煦宗等译 . 爱、罪疚与修复，心灵工坊，2009.

32. 温尼科特著，卢林、汤海鹏译 . 游戏与现实，北京大学医学出版社，2016.

33. 彼得 · 莱文著，庄晓丹、常邵辰译 . 心理创伤疗愈之道：倾听你身体的感受，机械工业出版社，2017.

34. 克拉金著，许维素译. 边缘性人格障碍的移情焦点治疗，中国轻工业出版社，2012.

35. 李孟潮 . 移情焦点治疗的理论及技术，见：人格障碍的心理咨询与治疗，北京大学医学出版社，2008.

36. Josselyn SA, Tonegawa S. Memory engrams: Recalling the past and imagining the future. Science. 2020.

37. 朱建军 . 我是谁：心理咨询与意象对话技术，中国城市出版社，2001.

38. 卡尔 · 荣格著，张举文、荣文库译 . 人类及其象征，辽宁教育出版社，1988.

39. 西格蒙德 · 弗洛伊德著，汪凤炎、郭本禹译 . 精神分析新论，见：弗洛伊德文集（第五卷），长春出版社，2006.

图书在版编目 (CIP) 数据

探索你自己：自我分析的途径 / 俞林鑫著 . —北京：中国法制出版社，2020.12
ISBN 978-7-5216-1521-0

Ⅰ. ①探… Ⅱ. ①俞… Ⅲ. ①心理学—通俗读物 Ⅳ. ① B84-49

中国版本图书馆 CIP 数据核字（2020）第 249652 号

策划编辑：李 佳（amberlee2014@126.com）
责任编辑：周熔希　　封面设计：汪要军

探索你自己：自我分析的途径
TANSUO NI ZIJI：ZIWO FENXI DE TUJING
著者 / 俞林鑫
经销 / 新华书店
印刷 / 三河市国英印务有限公司
开本 / 880 毫米 ×1230 毫米 32 开　　印张 / 8.5 字数 / 169 千
版次 / 2020 年 12 月第 1 版　　2020 年 12 月第 1 次印刷

中国法制出版社出版
书号 ISBN 978-7-5216-1521-0　　定价：39.80 元

北京西单横二条 2 号 邮政编码 100031　　传真：010-66031119
网址：http://www.zgfzs.com　　**编辑部电话：010-66038703**
市场营销部电话：010-66033393　　**邮购部电话：010-66033288**
（如有印装质量问题，请与本社印务部联系调换。电话：010-66032926）